Wissenschaftliche Reihe Fahrzeugtechnik Universität Stuttgart

Reihe herausgegeben von
M. Bargende, Stuttgart, Deutschland
H.-C. Reuss, Stuttgart, Deutschland
J. Wiedemann, Stuttgart, Deutschland

Das Institut für Verbrennungsmotoren und Kraftfahrwesen (IVK) an der Universität Stuttgart erforscht, entwickelt, appliziert und erprobt, in enger Zusammenarbeit mit der Industrie, Elemente bzw. Technologien aus dem Bereich moderner Fahrzeugkonzepte. Das Institut gliedert sich in die drei Bereiche Kraftfahrwesen, Fahrzeugantriebe und Kraftfahrzeug-Mechatronik. Aufgabe dieser Bereiche ist die Ausarbeitung des Themengebietes im Prüfstandsbetrieb, in Theorie und Simulation. Schwerpunkte des Kraftfahrwesens sind hierbei die Aerodynamik, Akustik (NVH), Fahrdynamik und Fahrermodellierung, Leichtbau, Sicherheit, Kraftübertragung sowie Energie und Thermomanagement – auch in Verbindung mit hybriden und batterieelektrischen Fahrzeugkonzepten. Der Bereich Fahrzeugantriebe widmet sich den Themen Brennverfahrensentwicklung einschließlich Regelungs- und Steuerungskonzeptionen bei zugleich minimierten Emissionen, komplexe Abgasnachbehandlung, Aufladesysteme und -strategien, Hybridsysteme und Betriebsstrategien sowie mechanisch-akustischen Fragestellungen. Themen der Kraftfahrzeug-Mechatronik sind die Antriebsstrangregelung/Hybride, Elektromobilität, Bordnetz und Energiemanagement, Funktions- und Softwareentwicklung sowie Test und Diagnose. Die Erfüllung dieser Aufgaben wird prüfstandsseitig neben vielem anderen unterstützt durch 19 Motorenprüfstände, zwei Rollenprüfstände, einen 1:1-Fahrsimulator, einen Antriebsstrangprüfstand, einen Thermowindkanal sowie einen 1:1-Aeroakustikwindkanal. Die wissenschaftliche Reihe „Fahrzeugtechnik Universität Stuttgart" präsentiert über die am Institut entstandenen Promotionen die hervorragenden Arbeitsergebnisse der Forschungstätigkeiten am IVK.

Reihe herausgegeben von

Prof. Dr.-Ing. Michael Bargende
Lehrstuhl Fahrzeugantriebe
Institut für Verbrennungsmotoren und
Kraftfahrwesen, Universität Stuttgart
Stuttgart, Deutschland

Prof. Dr.-Ing. Jochen Wiedemann
Lehrstuhl Kraftfahrwesen
Institut für Verbrennungsmotoren und
Kraftfahrwesen, Universität Stuttgart
Stuttgart, Deutschland

Prof. Dr.-Ing. Hans-Christian Reuss
Lehrstuhl Kraftfahrzeugmechatronik
Institut für Verbrennungsmotoren und
Kraftfahrwesen, Universität Stuttgart
Stuttgart, Deutschland

Weitere Bände in der Reihe http://www.springer.com/series/13535

Barbara Krausz

Methode zur Reifegradsteigerung mittels Fehlerkategorisierung von Diagnoseinformationen in der Fahrzeugentwicklung

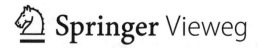

Barbara Krausz
Lehrstuhl für Kraftfahrzeugmechatronik
Universität Stuttgart
Stuttgart, Deutschland

Zugl.: Dissertation Universität Stuttgart, 2018

D93

ISSN 2567-0042   ISSN 2567-0352 (electronic)
Wissenschaftliche Reihe Fahrzeugtechnik Universität Stuttgart
ISBN 978-3-658-24017-2   ISBN 978-3-658-24018-9 (eBook)
https://doi.org/10.1007/978-3-658-24018-9

Die Deutsche Nationalbibliothek verzeichnet diese Publikation in der Deutschen National-
bibliografie; detaillierte bibliografische Daten sind im Internet über http://dnb.d-nb.de abrufbar.

Springer Vieweg ist ein Imprint der eingetragenen Gesellschaft Springer Fachmedien Wiesbaden GmbH
und ist ein Teil von Springer Nature
Die Anschrift der Gesellschaft ist: Abraham-Lincoln-Str. 46, 65189 Wiesbaden, Germany

Danksagung

Die vorliegende Arbeit ist begleitend zu meiner Tätigkeit als Entwicklungs-ingenieurin bei der Daimler AG in Sindelfingen entstanden.

Mein besonderer Dank gilt Herrn Prof. Dr.-Ing. H.-C. Reuss. Er hat diese Arbeit ermöglicht, stets durch Rat und Tat gefördert und durch seine Unter-stützung und sein Engagement, über den fachlichen Teil hinaus, wesentlich zum Gelingen beigetragen. Für die freundliche Übernahme des Mitberichts, die Förderung der vorliegenden Arbeit und die äußerst sorgfältige Durchsicht gilt mein Dank gleichermaßen Herrn Prof. Dr.-Ing. Bernard Bäker.

Insbesondere möchte ich mich ganz herzlich bei Dipl.-Ing. Markus Breuning (Daimler AG) bedanken. Er hat mich stets gefördert sowie in meinem Pro-motionsvorhaben unterstützt und damit ebenfalls wesentlich zum Gelingen beigetragen.

Darüber hinaus bedanke ich mich herzlich bei Dr.-Ing. Michael Grimm, De reichsleiter des Forschungsinstituts für Kraftfahrwesen und Fahrzeugmotoren (FKFS), und M.Sc. Kordian Komarek, Projektleiter ebenfalls am FKFS. Mit ihnen konnte ich viele interessante fachliche Diskussionen führen. Des Wei-teren danke ich allen Mitarbeitern des Bereichs Kraftfahrzeugmechatronik am FKFS sowie des Instituts für Verbrennungsmotoren und Kraftwesen der Universität Stuttgart (IVK) für die gute Zusammenarbeit und die zahlreichen bereichernden fachlichen wie auch nicht fachlichen Gespräche. Den Studie-renden, die ich über die Jahre betreut habe, gilt auch für die gute Zusammen-arbeit und ihre geleisteten Tätigkeiten Dank.

Ich danke von ganzem Herzen meinem Vater Dr.-Ing. Karl Josef Krausz, meiner Mutter Andrea Krausz und meinem Bruder Dr.-Ing Mark Krausz, dass sie mir stets in allen Lebenslagen zur Seite standen und mich immer unterstützt und motiviert haben.

Barbara Krausz

Inhaltsverzeichnis

Abbildungsverzeichnis

Tabellenverzeichnis

Abkürzungs- und Formelverzeichnis

Abkürzungen

ABS	Antiblockiersystem
ATL	Abgasturbolader
BTV	Bauteilverantwortlicher
CBR	Case Based Reasoning
CAN	Controller Area Network
CAN-FD	CAN with Flexible Data-Rate
DAG	Directed Acyclic Graph
DTC	Diagnostic Trouble Code
FiDis	Fahrzeugindiviuelles Diagnosesystem
FTB	Failure Type Byte
FIM	Function Inhibition Manager
ISO	International Organization for Standardization
KNN	k-Nearest-Neighbor
MIL	Malfunction Indication Lamp
MOST	Media Oriented Systems Transport
MSSQL	Microsoft SQL Server
OBD	On Board Diagnosis
OTX	Open Test sequence eXchange
OEM	Original Equipment Manufacturer
SAE	Society of Automotive Engineers
SDA	Signal Diagnostic Agents
SOP	Start of Production
SVM	Support-Vector-Machine
UDS	Unified Diagnostic Services
USA	United States of America
VDA	Vehicle Diagnostic Agent
VTG	Variable Turbinen Geometrie
WWH-OBD	Word-Wide Harmonized On Board Diagnostics

Formelzeichen

E	Kanten
F_T	Trainingsfehler
F_V	Validierungsfehler
FN	False Negative
FP	False Positive
FPR	False-Positive-Rate
G	Graph
a_j	Aktivierungsfunktion des Neurons
b	Anzahl der Beine eines Lebewesens
c	Teilmengen der Clusterstruktur
f_{out}	Ausgabefunktion des Neurons
h	Körpergröße in Metern
I	Menge der Neuronen, welche Daten übergeben
K	Kernelfunktion
k	Anzahl an Nachbarn des Nearest-Neighbor-Klassifikators
N	Menge der Neuronen
net_j	Netzeingabe
o_i	Ausgaben der Neuronen
P	bedingte Wahrscheinlichkeit
φ	Abbildung eines Datensatzes in einen höherdimensionalen Raum
PR	Precision Recall
ROC	Receiver Operating Characteristic
Θ	Schwellenwert des Neutrons
TP	True Positive
TPR	True Positive Rate
TN	True Negative
V_i	Knoten der Bayesschen Netze/ Verbindungen zwischen Neuronen
$w_{i,j}$	Gewichte von Verbindungen zwischen Neuronen
X	Merkmalsdaten von Objekten
x	Merkmalsvektor
ξ_i	Schlupfvariable
y	Klassenvektor
Z	Merkmalsdatensatz

Zusammenfassung

Der moderne Entwicklungsprozess von Kraftfahrzeugen gestaltet sich zunehmend dynamischer bei gleichzeitiger Straffung der Entwicklungszeiträume [1, 2]. Deutlich wird dies durch die explosionsartige Zunahme notwendiger Iterationsschleifen, mit welcher der Software- und Hardwarereifeprozess durchlaufen wird. Besonders die Kombination aus steigender Vernetzung der Steuergeräte und zunehmender Variantenvielfalt der Fahrzeuge hat einen großen Einfluss auf die Zuverlässigkeit der Fahrzeugdiagnose [3]. Daraus resultieren komplexe Fehlerbilder, die nicht mehr durch eine einfache Fehlersuche in einer einzelnen Komponente identifiziert werden können. Diese Fehler werden in der On-Board-Diagnose erfasst und können mittels Off-Board-Diagnose ausgelesen werden. Besonders während der Entwicklungsphase ist die Fehleridentifizierung bzw.-analyse mit den heutigen Methoden aufgrund beispielsweise prototypischer Implementierungen von Fahrzeugkomponenten oder unzureichender Fehlererfahrungen nicht eindeutig und nicht zuverlässig durchführbar. Zudem ist die verfügbare Datenmenge zu den Fehlerereignissen in dieser Phase deutlich geringer als in der Serienphase im Feldeinsatz. Das ist darauf zurückzuführen, dass dem OEM (Original Equipment Manufacturer) während der Entwicklung nur eine geringe Anzahl an Fahrzeugen zur Fehleranalyse zur Verfügung steht, während in der Serienphase auf eine große Anzahl an Kundenfahrzeugen zugegriffen werden kann. Die Fehleranalyse ist jedoch gerade im Entwicklungsprozess ein elementarer Bestandteil, da unter anderem anhand dieser der Reifegrad der Software und Hardware bewertet wird. Es wird daher eine Methode benötigt, die diesen entwicklungsspezifischen Anforderungen und Randbedingungen Rechnung trägt und damit die Fehlersuche verkürzt sowie die Bewertung des Reifegrades von Hard- und Software erleichtert. Diese Arbeit stellt ein Konzept für die Analyse, Interpretation und Abstellung von diagnostizierbaren Fehlern des Powertrains[1] während der Entwicklungsphase vor. Es ermöglicht durch die Kategorisierung von Fehlerspeichereinträgen auf wahrscheinliche Fehlerursachen zu schließen. Die Kategorisierung ge-

---

[1] Powertrain ist hier gleichbedeutend zu Antriebsstrang.

schieht auf Basis von Ähnlichkeitsmaßen der zu den Fehlerspeichereinträgen zugehörigen Fehlerumgebungsdaten. Die kategorisierten Fehlerfälle werden inklusive aller relevanten Metadaten in einer Diagnose-Korrelationsstruktur gespeichert. Mit diesen Informationen kann zwischen entwicklungsspezifischen Fehlern, die dem Reifegrad während der Entwicklung geschuldet sind, und serienrelevanten Fehlern unterschieden werden. Damit kann der aktuelle Reifegrad und die Serientauglichkeit bewertet werden.

Abstract

The modern development process of motor vehicles is becoming increasingly more dynamic with simultaneous tightening of development periods [1, 2]. This is significantly due to the explosive increase of the necessary iteration loops in the software and hardware maturity process. The combination of increasing networking of control units and increasing variant diversity of the vehicle has a major influence on the reliability of vehicle diagnosis [3]. This results in complex fault profiles that could no longer be identified by a simple fault diagnosis of a single component. These faults are recorded in the on-board diagnosis and can be read out using the off-board diagnosis. The fault identification or analysis is not clearly feasible with the current method due to e.g. prototype implementation of vehicle components or insufficient fault experience in the development phase. In addition, the available data volume of fault occurrences in this phase is significantly lower than in the series production phase. This is due to the fact that the OEM (Original Equipment Manufacturer) works with a small number of vehicles during the development phase and thus only a small number of vehicles can be used for error analysis. On the other hand, a large number of customer vehicles can be used for fault analysis in the series production phase. However, the fault analysis is an elementary component in the development process, because, among other things, the maturity level of the software and hardware is assessed with this. A method is therefore required that takes account of this development-specific requirement and boundary condition, thus shortens fault diagnosis and facilitates the assessment of the maturity level of hardware and software. This work presents a concept for the analysis, interpretation and elimination of diagnosable faults of the powertrain during the development phase. It allows the categorization of fault memory entries in probable fault causes. The categorization is performed based on the fault freeze frame data associated with the fault memory entries. The categorized error cases are stored including all relevant metadata in a diagnosis correlation structure. This information can be used to distinguish between development-specific faults due to the maturity level during development and faults, which are relevant for the series. The current maturity level and the suitability for series production is thus assessable.

1 Einleitung

In diesem Kapitel werden die Herausforderungen bei der Diagnose von Fahrzeugen während der Entwicklungsphase dargestellt. Die Motivation und Forschungsfrage dieser Arbeit werden daraus abgeleitet und anschließend wird die Gliederung der Arbeit vorgestellt.

1.1 Motivation und Forschungsfrage der Arbeit

Die rasante Zunahme elektronischer Systeme im Kraftfahrzeug ist eine Chance und Herausforderung zugleich [3]. Einerseits können durch komplexe verteilte Funktionen und Vernetzungen neue aktive Sicherheitssysteme wie beispielsweise Distronic Plus in Verbindung mit der Pre Safe Bremse oder Komfortsysteme wie COMAND Online aus dem Navigations- bzw. Multimediabereich realisiert werden [4, 5]. Mit diesen Innovationen ist es möglich sowohl die Sicherheit zu verbessern als auch die Kundenwünsche zu berücksichtigen und die Fahrzeuge in individuell konfigurierbaren Kombinationen anzubieten. Andererseits erschweren die verteilten Funktionen Störungen im Gesamtsystem zu lokalisieren. Die Analyse von solchen Störungen oder Fehlerbildern stellt vor allem in der frühen Entwicklungsphase der Kraftfahrzeuge eine große Herausforderung dar. Während der Entwicklung dient die Fehlerdiagnose neben der Ermittlung der Ursache eines aufgetretenen Fehlers in der Steuergerätesoftware oder Hardware auch der Plausibilisierung von Funktionsüberwachungen und somit zur indirekten Bewertung des Software- sowie des Hardwarereifegrades. In der Entwicklungsphase kann die Analyse der Fehlerbilder aufgrund der geringen Menge an zu diesem Zeitpunkt vorliegenden Informationen nur erschwert und unvollständig durchgeführt werden. Diese sind einerseits ungenau und unterliegen aufgrund des iterativen Entwicklungsprozesses einer hohen Änderungsdynamik. Es gibt bereits unterschiedliche Diagnosesysteme, welche die Anwender bei

© Springer Fachmedien Wiesbaden GmbH, ein Teil von Springer Nature 2018
B. Krausz, *Methode zur Reifegradsteigerung mittels Fehlerkategorisierung von Diagnoseinformationen in der Fahrzeugentwicklung*, Wissenschaftliche Reihe Fahrzeugtechnik Universität Stuttgart, https://doi.org/10.1007/978-3-658-24018-9_1

der Fehleranalyse im Einsatzgebiet des After-Sales Service[2] unterstüzen. Zu diesen gehöhren Systeme auf Basis von beispielsweise Case Based Reasoning, Neuronalen Netzen, Bayesschen Netzen oder Entscheidungsbäumen. Diese sind je nach Anwendungsgebiet unterschiedlich gut geeignet. Alle verwendeten Methoden haben gemeinsam, dass sie das Anwendungsgebiet der Entwicklung ausschließen. Bei Neuronalen Netzen oder Bayesschen Netzen werden viele Daten benötigt um das System zu trainieren [7, 8]. In der Entwicklung ist hierfür keine außreichende Datenmenge vorhanden. Bei Entscheidungsbäumen müssen die möglichen Fehlerpfade aller Fahrzeugvarianten von Experten erstellt werden. Dies ist in der dynamischen Entwicklungphase mit unzähligen Änderungen nicht mit vertretbarem Aufwand darstellbar. Bei Case Based Reasoning wird eine große Fallbasis benötigt. Aufgrund der weiteren Straffung der Entwicklungszyklen und des gleichzeitigen Anstiegs der Variantenanzahl leitet sich der Bedarf für eine effiziente, schnelle und intelligente Fehleranalyse während der Entwicklungsphase ab.

Aus diesem Bedarf entsteht die Motivation dieser Arbeit für die Erarbeitung einer Methode zur Fehleranalyse und -interpretation für den effektiven Einsatz in der Fahrzeugentwicklung. Die Forschungsfrage lautet daher:

Wie ist es möglich aus einer geringen Menge an unscharfen Diagnosedaten den Informationsgewinn mit einer neuen Methode so zu maximieren, dass die Fehleranalyse in der Entwicklungsphase erleichtert wird?

1.2   Inhalt der Arbeit

Diese Arbeit ist in sechs Kapitel aufgeteilt. Nach der Einleitung in Kapitel 1 gibt Kapitel 2 mit dem Stand der Technik eine kurze Vorstellung der Fahrzeugdiagnose, gefolgt von einem Überblick über die aktuell relevanten Methoden in der Fehlerdiagnose von Kraftfahrzeugen. Das Kapitel schließt mit dem Abschnitt 2.3 ab, welches die prozessualen Unterschiede der Fehler-

---

[2]   After-Sales Service - technische und kaufmännische Dienstleistungen nach dem Kauf (Kundendienst), unter anderem Wartungs- und Reparaturdienste, Managementleistungen [6].

diagnose in der Fahrzeugentwicklung und im After-Sales Service detailliert beschreibt. Aus den Randbedingungen des Entwicklungsprozesses leitet sich die Notwendigkeit neuer Methoden ab. Kapitel 3 stellt eine neue Methode für die Fehleranalyse in der Entwicklung vor. Dazu beschreiben die Abschnitte 3.1 und 3.2 den aktuellen Prozess der Fehleranalyse bzw. Fehlerabstellung und diskutieren die Potentiale zur Optimierung der Fehleranalyse. Abschnitt 3.3 identifiziert die Ähnlichkeitsanalyse der Umgebungsdaten von Fehlerspeichereinträgen als vielversprechenden Ansatz für die Analyse von Fehlerursachen. Nach einer Darstellung verschiedener Methoden zur Ähnlichkeitsanalyse in Abschnitt 3.4, zeigt Abschnitt 3.4.6 die Auswahl geeigneter Klassifikatorverfahren. Das darauf folgende Kapitel 4 beschreibt das Konzept einer ganzheitlichen Diagnose-Korrelationsstruktur. Dieses gibt der neuen Methode für die Ähnlichkeitsanalyse von Fehlerspeichereinträgen einen Rahmen und beschreibt den aus zwei Teilen bestehenden Gesamtprozess. Kapitel 5 zeigt die schrittweise Anwendung der neuen Methode an einem Beispiel. Abschließend fasst Kapitel 6 die entwickelte Methode sowie die Ergebnisse der Arbeit zusammen und gibt einen Ausblick für weiterführende Forschungsfragen.

2 Stand der Technik

Dieses Kapitel beschreibt aufbauend auf den Grundlagen der Fahrzeugdiagnose die Definition von Fehlerspeichereinträgen. Anschließend folgt ein
Überblick über die bestehenden, zur Fehlerdiagnose eingesetzten Systeme.
Im speziellen wird die Fehlerdiagnose in der Fahrzeugentwicklung betrachtet. Hierbei werden zunächst der moderne Fahrzeugentwicklungsprozess
sowie die prozessualen Unterschiede zwischen Servicewerkstätten und Entwicklung dargestellt. Abschließend werden die sich durch den Entwicklungsprozess ergebenden Randbedingungen für die Fehleranalyse aufgezeigt.

2.1 Diagnose im Kraftfahrzeug

Der Begriff der Diagnose ist durch deren Nutzung im medizinischen Bereich
geprägt. In diesem Umfeld ist ihre Bedeutung allgemein bekannt. Anhand
von beschriebenen und messbaren Symptomen wird der Zustand eines Patienten durch einen Arzt untersucht. Aus den daraus gewonnenen Erkennt-
nissen wird auf eine Ursache für diesen Zustand geschlossen. Der Arzt diag-
nostiziert den Patienten. Eine allgemeine Definition der Diagnose lautet:

„Diagnose [frz., von griech. diagnosis >unterscheidende Beurteilung<, >Er-
kenntnis<] allg.: das Feststellen, Prüfen und Klassifizieren von Merkmalen
mit dem Ziel der Einordnung zur Gewinnung eines Gesamtbildes." [9]

Im Bereich von Kraftfahrzeugen wird der Begriff der Diagnose nicht einheit-
lich verwendet und daher unterschiedlich verstanden. Vom Auslesen der
Fehlereinträge aus dem Fehlerspeicher der Steuergeräte und Löschen der
Fehler bis hin zur komplexen Fehleranalyse innerhalb eines Steuergeräte-
verbunds oder der Implementierung von Diagnoseskripten beispielsweise zur
Überprüfung einzelner Komponenten wird alles mit dem Sammelbegriff der
Diagnose bezeichnet. Bezogen auf Kraftfahrzeuge dient die Diagnose dazu
den Grund eines Fehlverhaltens oder einer fehlerhaften Überwachung im
Fahrzeugsystem zu identifizieren. Wie Krützfeldt und Kohl in ihren Arbeiten

© Springer Fachmedien Wiesbaden GmbH, ein Teil von Springer Nature 2018
B. Krausz, *Methode zur Reifegradsteigerung mittels Fehlerkategorisierung von
Diagnoseinformationen in der Fahrzeugentwicklung*, Wissenschaftliche Reihe
Fahrzeugtechnik Universität Stuttgart, https://doi.org/10.1007/978-3-658-24018-9_2

beschreiben, wird dabei als Fehlverhalten die Abweichung von den in der Spezifikation des Fahrzeugsystems festgelegten Vorgaben definiert [10, 11]. Durch den Einsatz von modernen Diagnosesystemen ist es möglich mit Hilfe von intelligenten Routinen und Modellen, die auf physikalischen Werten der Sensoren aufbauen, die Ursache des Fehlers zu identifizieren oder zumindest einzugrenzen.

2.1.1 On- und Off-Board Diagnose

In der Fahrzeugdiagnose wird zwischen On-Board- und Off-Board-Diagose-funktionen unterschieden. Die On-Board Diagnose stellt die Überwachung von Steuergungs- und Regelungsfunktionen im Kraftfahrzeug sicher. Diese Überwachung hat einen hohen Stellenwert. Bezogen auf den gesamten Code eines Steuergeräts nimmt dieser heute einen Anteil von über 50 % ein [12]. Sie dient unter anderem dazu gefahrbringende Zustände zu identifizieren, bei Bedarf Sicherheitsreaktionen auszulösen und das Fahrzeug dadurch in einen sicheren Zustand zu bringen. Dieser sichere Zustand kann beispielsweise durch Abschalten der fehlerhaften Komponente oder durch Reduzierung der Funktionsfähigkeit erreicht werden.

In Abbildung 2.1 ist eine Übersicht der On- und Off-Board-Diagnosefunk-tionen dargestellt. Innerhalb der On-Board-Diagnose wird zwischen zwei Kategorien unterschieden. Die eine Kategorie enthält die Sollwertgeber und Sensoren und die anderne die Aktuatoren. Der Fehlerspeichermanager ver-waltet die Fehlerspeichereinträge und ist über einen Diagnosekommunika-tionsmanager mit der Off-Board-Diagnose verbunden. Die Schnittstelle für den Anschluss eines Diagnosetesters ist in der Word-Wide Harmonized On Board Diagnostics (WWH-OBD) nach der Norm der ISO 27145 standardi-siert und definiert neben dem physikalischen Zugang (die OBD-Buchse und die ISO/OSI Schichten 1 und 2) auch die verwendeten Protokolle und die (Mindest-) Dateninhalte [13–17]. Sie schließt ebenfalls die ältere ISO 15031 der OBD2 ein, welche den abgasrelevanten Teil der Diagnose beschreibt [18]. Über die Off-Board Diagnose können unter anderem Fehlerspeicherein-träge ausgelesen werden, Sensoren und Aktuatoren zur Funktionsüberprü-fung angesteuert werden oder automatisierte Prüfabläufe, sogenannte Diag-noseskripte, ausgeführt werden. Das Einsatzgebiet der Fehlerdiagnose von

Fahrzeugen erstreckt sich daher von der Fahrzeugentwicklung und Fahr-
zeugproduktion bis hin zur Wartung und Reparatur in den Werkstätten im
Servicebereich.

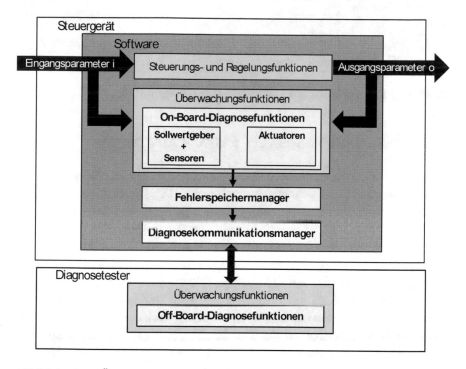

Abbildung 2.1: Übersicht der On-Board und Off-Board Diagnosefunktionen nach [19]

Krieger gibt in seiner Arbeit eine gute Übersicht zur Unterscheidung der
Aufgaben der On-Board- und Off-Board-Diagnose [20]. In Abbildung 2.2
sind die wesentlichen Funktionen tabellarisch gegenübergestellt. Wobei die
On-Board-Diagnose, wie bereits beschrieben, Fehlfunktionen erkennen und
auf diese entsprechend reagieren soll, und die Off-Board-Diagnose über-
wiegend dem Fehlerabstellprozess und der Softwarewartung dient.

Funktion	On-Board-Diagnose	Off-Board-Diagnose
Fehlererkennung	×	
Fehlerreaktion	×	
Ermittlung der Fehlerursache		×
Unterstützung der Instandsetzung		×
Update Programmierung (Flashen)	×	×
Lesen und Ändern der Steuergerätekonfiguration	×	×

Abbildung 2.2: Funktionen der Off- und On-Board-Diagnose [20]

2.1.2   Schnittstelle zwischen On- und Off-Board Diagnose

Alle diagnostizierbaren Steuergeräte sind über ein Gateway-Steuergerät mit
einer genormten OBD-Schnittstelle verbunden [18]. Die Off-Board Kommunikation erfolgt über den seit 2008 für alle Fahrzeuge vorgeschriebenen und
in der SAE-Norm J2282 spezifizierten High-Speed-CAN-Bus [21]. Die ur-
spüngliche Norm wurde zwischenzeitlich auf die Unterdokumente SAE
J2282/1-5 erweitert. Diese beschreiben die unterschiedlichen Kommunikationsgeschwindigkeiten von 125 kbps bis 500 kbps und auch die Buskommu-
nikation über CAN-FD mit flexibler Datenrate. Das verwendete Diagnose-
protokoll Unified Diagnostic Services (UDS), welches in der ISO 14229
standardisiert ist, verfügt sowohl über flexible, vom Fahrzeughersteller wähl-
bare CAN-Identifier als auch CAN-Baudraten und erlaubt es spezielle und
proprietäre Inhalte Busprotokoll-konform einzusetzen [22]. Zimmermann
und Schmidgall beschreiben die Diagnosekommunikation in [23]. Diese
erfolgt nach dem Request-Response Prinzip. Das bedeutet, dass der Diagnosetester eine Anfrage an das zu diagnostizierende Steuergerät sendet. Dieses
antwortet wiederum mit einer entsprechenden Diagnose-Response. Das
Transportprotokoll in der Transportschicht dient dazu die Diagnosebotschaft
in eine Busbotschaft zu übersetzen und umgekehrt. Die Abbildung 2.3 zeigt
die Funktionsweise der Transportschicht.

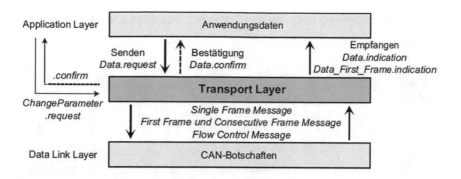

Abbildung 2.3: Funktionsweise der Transportschicht [23]

Zuerst wird von der Anwendungsschicht (Application Layer) eine Aufforderung zum Senden (*Data.request*) eines Datenblocks gestellt. Diese wird von der Transportschicht mit *Data.confirm* bestätigt. Der Transport Layer gibt diese Anfrage an den Data Link Layer weiter und erhält die Antwort auf seine Anfrage. Diese Antwort wird in der Anwendungsschicht empfangen (*Data.indication*). Je nach Datenblocklänge ist das beispielsweise eine Single Frame Message[3] oder Multi Frame Message[4]. Der Transport Layer oder die Anwendungsschicht hält bei Bedarf einen ausreichend großen Zwischenspeicher vor. Ist dieser Puffer für die Nachricht nicht ausreichend groß, wird dies dem Sender über die Flow Control Message[5] mitgeteilt.

Die Steuergeräte eines Fahrzeugs sind über verschiedene Bussysteme miteinander vernetzt. Diese haben je nach ihren Anforderungen unterschiedliche Kommunikationsgeschwindigkeiten. So sind überlicherweise die Powertrain-relevanten Steuergeräte wie Motorsteuergerät, Getriebesteuergerät, etc. über den Antriebs-CAN verbunden. Die Abbildung 2.4 veranschaulicht eine ver-

---

[3] Single Frame Message – Die Nachricht besteht aus 6 bzw. 7 Bytes und kann ohne Segmentierung übertragen werden.

[4] Multi Frame Message – Eine Nachricht, welche aus mehr als 7 Bytes besteht. Die Nachricht wird Segmentiert übertragen mit First Frame Message und Consecutive Frame Messages. Dabei gibt die First Frame Message an, aus wievielen Folgebotschaften die Antwort besteht.

[5] Flow Controle Message – Antwort des Empfängers zur Übertragungsart der Consecutive Frames

einfachte Darstellung der Steuergerätevernetzung der unterschiedlichen Bussysteme.

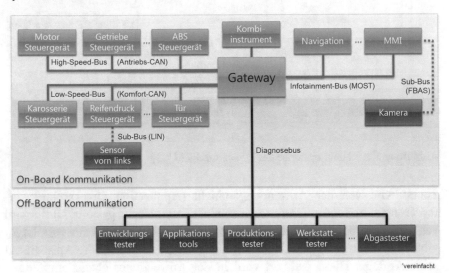

Abbildung 2.4:   Vereinfachte Darstellung der Steuergerätevernetzung über die Bussysteme [24]

Zentrales Element ist das Gateway, das alle diagnostizierbaren Steuergeräte verbindet. Steuergeräte, die Sensorinformationen austauschen oder aufgrund von verteilten Funktionen[6] miteinander interagieren, wie beispielsweise das Motorsteuergerät, das Getriebesteuergerät oder das ABS-Steuergerät, sind über einen High-Speed-Bus vernetzt. Dieser ist für eine schnelle und sehr zuverlässige Übertragung von kurzen Nachrichten geeignet. Bei Infotainmentsystemen wie beispielsweise dem Navigationssystem oder Telefon müssen große Datenmengen in langen Nachrichten schnell übertragen werden. Dabei hat die Fehlersicherheit einen geringeren Stellenwert als beim High-Speed-Bus. Daher ist hierfür der Infotainment-Bus MOST geeignet. Die Abbildung verdeutlicht außerdem nochmal die Unterschiede der Inhalte von

---

[6]   Verteilte Funktionen – Zusammengesetzte Funktion aus mehreren parallel laufenden, voneinander abhängigen Funktionen, die auf örtlich unterschiedliche Systeme verteilt sind [11].

On-Board Kommunikation und Off-Board Kommunikation. Über den Diagnosebus können verschiedene Anwendungen, wie beispielsweise der Entwicklungstester, Applikationstools oder Produktions- bzw. Werkstatttester für die Off-Board Kommunikation eingesetzt werden.

2.1.3 Definition von Fehlerspeichereinträgen

Das detaillierte Auslesen der Fehlerspeichereinträge findet in zwei Stufen statt. In der ersten Stufe werden die Anzahl der Fehler und deren Status ausgelesen. In der darauffolgenden Stufe werden schrittweise die Umgebungsdaten zu jedem einzelnen ausgelesenen Fehlercode ausgegeben. Die Umgebungsdaten (Freeze Frame Daten) sind Rahmeninformationen, die zum Zeitpunkt des Fehlerereignisses vorlagen. Darin enthalten sind allgemeine Daten wie beispielsweise Motordrehzahl, Motorlast oder Kühlmitteltemperatur und zusätzliche fehlerspezifische Informationen, wie Drücke oder Sensorwerte [25]. Die Umgebungsdaten enthalten wichtige Informationen für die Fehleranalyse. Der Fehlercode oder auch DTC (Diagnostic Trouble Code) ist ein 16-bit Hexadezimalcode, dem ein alphanummerischer Bezeichner vorangestellt ist. Er ist für Europa in der ISO 15031-6 und für die USA in der SAE J2012 definiert [26, 27]. Die standardisierten DTC stellen sicher, dass alle Hersteller die über die On-Board-Diagnose des Fahrzeugs identifizierten Fehlfunktionen nach den gleichen Richtlinien einheitlich dokumentieren. Die Abbildung 2.5 veranschaulicht das Format der OBD Fehlercodes.

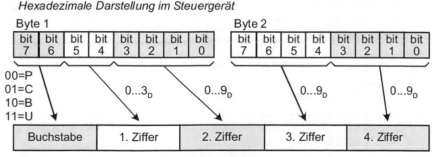

Abbildung 2.5: Format der OBD Fehlercodes [23]

Der Buchstabe an der ersten Stelle eines Fehlercodes wird aus Bit 7 und Bit 6 des ersten Bytes gebildet und gibt den betroffenen Fehlerbereich an. Es wird hier zwischen den in Tabelle 2.1 dargestellten vier Bereichen unterschieden.

Tabelle 2.1:   Übersicht der unterschiedlichen Bereiche [23]

Buchstabe	Bezeichnung	Beschreibung
P	Powertrain	Antriebsstrang
C	Chassis	Fahrwerk
B	Body	Karosseriebereich
U	Network	Datennetz, Bussystem

Darauf folgen vier weitere Ziffern. In Tabelle 2.2 ist die Bedeutung der ersten Ziffer dargestellt. Daran ist zu erkennen, ob der Fehlercode nach ISO bzw. SAE definiert wurde oder ein herstellerspezifischer Code ist. Innerhalb der ISO bzw. SAE wird das betroffene Subsystem durch die zweite Ziffer beschrieben.

Tabelle 2.2:   Übersicht der Möglichkeiten für die 1. Ziffer und ihre Zuordnung [23]

1. Ziffer	Zuordnung
0	Fehlercode nach SAE J2012 bzw. ISO 15031-6
1	Herstellerspezifischer Fehlercode
2	Herstellerspezifischer Fehlercode (bei Powertrain → Fehlercode nach SAE/ISO)
3	Fehlercode nach SAE/ISO (außer von P3000 bis P3399)

Die Tabelle 2.3 zeigt die Kategorien des Subsystems für Powertrainfehler. Mit Hilfe der Ziffern drei und vier wird die Komponente und die Fehlerart bestimmt. Der Fehlercode kann auch als 3-Byte Hexadezimalwert dargestellt werden. Dabei werden die zwei Bytes um das Failure Type Byte (FTB) ergänzt. Durch die zwei zusätzlichen Ziffern am Ende des Fehlercodes ist es möglich weitere Hinweise zur Fehlerursache auszugeben.

Tabelle 2.3: Übersicht über Fehlercodes des Subsystems Powertrain und dessen betroffene Komponenten [23]

Fehlercode	Betroffene Komponente
P01…, P02…	Einspritzsystem
P03…	Zündung
P04…	Abgasrückführung und andere Hilfskomponenten
P05…	Fahrgeschwindigkeits- und Leerlaufregelung
P06…	Steuergeräteinterne Fehler
P07…., P08…	Getriebe

Einige mögliche Fehlerarten sind beispielsweise allgemeiner Fehler, unzulässiger Signalwert oder Wackelkontakt. Der Fehlerspeichermanager der On-Board Diagnose sammelt die Testergebnisse aller Diagnosefunktionen und stellt dem Diagnosetester den aktuellen Fehlerstatus und die daraus abgeleiteten Fehlerspeichereinträge zur Verfügung [23]. Bevor die Fehlercodes im Fehlerspeicher eingetragen werden, müssen diese entprellt werden. Das bedeutet, dass ein Fehlerzustand beispielsweise eine definierte Mindestzeit (Entprellzeit) vorhanden sein muss, um als gültiger Fehler erkannt zu werden. Die Entprellung kann ereignisbasiert oder nach physikalischen Einschaltbedingungen erfolgen.

In Abbildung 2.6 ist die zeitbasierte Fehlerentprellung dargestellt. Solange die Entprellzeit nicht abgelaufen ist, wird der Fehler im Fehlerspeichermanager als schwebend (pending) geführt.

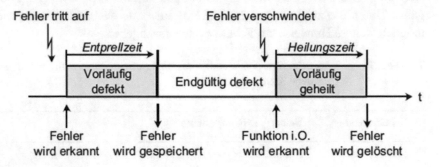

Abbildung 2.6:   Fehlerentprellung und Fehlerheilung [23]

Erst nach Ablauf der Entprellzeit wird dieser im Fehlerspeicher aktiv gesetzt. Verschwindet der Fehler wieder, erkennt das die entsprechende Diagnosefunktion in der On-Board Diagnose. Der Fehler wird zunächst auf inaktiv gesetzt und nach definierten Bedingungen, wie beispielsweise nach Überschreiten der Heilungszeit[7] oder einer definierten Anzahl von Zündungswechseln ohne Fehlerauftritt, wieder aus dem Speicher gelöscht.

2.1.4   Begriffsdefinitionen

Da die Interpretation von Diagnose im Automobilbereich sehr stark variiert, werden für ein einheitliches Verständnis im Folgenden die wichtigsten Begriffe definiert.

Fehlerfall

Ein Fehlerfall stellt ein Ereignis dar, in dem eine Abweichung des spezifizierten Verhaltens einer elektrischen oder elektronischen Komponente bzw. des Fahrzeugsystems stattgefunden hat. Dabei wird unterschieden zwischen

---

[7]   Heilungszeit – Mindestzeit nach Verschwinden eines Fehlers, in welcher die zugehörige Diagnosefunktion die Fehlerfreiheit bestätigt [23].

Fehlerfällen, zu welchen ein DTC im Fehlerspeicher abgelegt wird, und denen, zu welchen kein DTC gespeichert wird.

Fehlerdiagnose

Die Fehlerdiagnose beschreibt die Analyse und genaue Identifizierung sowie die Isolierung der Ursache von Fehlern sowohl an elektrischen als auch elektronischen Systemen und Komponenten des Fahrzeugs.

Diagnosesystem

Ein Diagnosesystem ist ein System, welches den Anwender bei der Fehleranalyse und Fehlerinterpretation unterstützt.

2.2 Methoden zur Fehlerdiagnose

Zur Unterstützung bei der Fehlersuche und Fehlerinterpretation werden verschiedene Off-Board Diagnosesysteme eingesetzt. Nach Puppe können diese in drei Klassen aufgeteilt werden [28]:

- heuristische bzw. assoziative Diagnosesysteme

- modellbasierte Diagnosesysteme

- statistische und fallvergleichende Diagnosesysteme

In den folgenden Unterkapiteln werden beispielhaft die aktuell gängigen Diagnosesysteme aus dem Bereich der wissensbasierten, modellbasierten und lernenden Diagnose, beispielsweise das Bayessche Netz und Neuronale Netze, beschrieben. Im Anschluss werden die Vor- und Nachteile dieser Systeme zusammengefasst.

2.2.1 Wissensbasierte Diagnose

Zu der ältesten und einfachsten Methode gehören die heuristischen Diagnosesysteme. Diese basieren auf dem Erfahrungswissen von Experten. Dabei werden Assoziationen zwischen Symptomen und deren Ursache beschrieben.

Expertensysteme

Nach Görz et al. sind Expertensysteme anhand von festgelegten Wenn-Dann-Beziehungen aufgebaut [29]. Diese Regeln werden von Experten anhand ihres Fachwissens und ihrer Erfahrungen für jeden einzelnen Fehlerfall mit allen möglichen Ursachen formuliert. Ein Informatiker programmiert daraus einen Regelinterpretierer, welcher die Reihenfolge der anzuwendenden Regeln bestimmt. Eines der klassischen heuristischen Diagnosesysteme ist MYCIN. Es wurde in der Medizin zur korrekten Medikation mit Antibiotika bei Infektionskrankheiten entwickelt und ist daher nach dem Suffix –mycin, dass viele Antibiotika tragen, benannt [30]. Bereits 1990 hat Puppe die Vor- und Nachteile von Expertensystemen dargestellt [28]. Expertensysteme sind einfach anzuwenden und bei klar separierbaren Teilkomponenten gut geeignet. Ist das Fehlerbild nicht eindeutig, da die Fehlerursache beispielsweise in mehreren unterschiedlichen Komponenten liegen könnte, müssten alle möglichen Fehlerkombinationen durch entsprechende Regeln berücksichtigt werden. Im Automobilbereich ist bei der aktuellen Variantenvielfalt und hohen Vernetzung der Steuergeräte durch verteilte Funktionen die Umsetzung aller möglichen Fehlerkombinationen nicht mit vertretbarem Aufwand realisierbar.

Case Based Reasoning

Das Case Based Reasoning (CBR) oder auch fallbasiertes Schließen ist ein weiteres wissensbasiertes Diagnosesystem. Die Basis bildet eine Sammlung von gelösten Fehlerfällen. Die Fehlerbeschreibung, Fehlerursache sowie weitere zusätzliche Informationen wie beispielsweise zusätzliche Messwerte oder Symptombeschreibungen werden festgehalten und kategorisiert. Tritt ein neuer Fehler auf, werden die Symptome mit der gelösten Fallbasis verglichen. Wird dort ein gleicher oder ähnlicher Fall gefunden, geht man davon aus, dass die Ursache für den aktuellen Fall komplett oder mit Anpassungen übernommen werden kann. Die Funktionsweise ist dem logischen Denken und Schlussfolgern aus Erfahrungen des Menschen nachempfunden. CBR-Systeme können nach Bergmann et al. in drei Ansätze zugeordnet werden [31]:

■   textueller CBR-Ansatz

■   dialogbasierter CBR-Ansatz

■ struktureller CBR-Ansatz

Sie beschreiben, dass der textuelle Ansatz besonders für Bereiche geeignet ist, in welchen bereits eine große Menge an Wissensdaten vorhanden ist. Dabei sollten nicht zu viele unterschiedliche Fälle (weniger als einige Hundert) vorhanden sein und zu jedem Fall sollte eine kurze Beschreibung (höchstens drei Sätze) vorliegen. Andernfalls liefert der textuelle Ansatz eine große Anzahl an nicht relevanten Fällen. Der dialogbasierte Ansatz eignet sich für Anwendungsfälle, in welchen einfache Probleme wiederholt gelöst werden müssen. Hier muss der Anwender im Dialog vordefinierte Fragen beantworten. Anhand seiner Antworten wird auf die Fehlerursache geschlossen. Beim strukturellen Ansatz müssen die Fälle mit definierten Attributen und Werten beschrieben worden sein. Die Attribute können in einfachen Tabellen, in Sätzen von verknüpften Tabellen oder objektorientiert strukturiert sein. Dieser Ansatz wird angewendet, wenn neben den Fällen zusätzliches Wissen benötigt wird um ein gutes Ergebnis zu erhalten. Bergmann et al. beschreiben, dass der initiale Aufwand zur Erstellung eines strukturellen CBR-Systems im Vergleich zu den beiden anderen CBR-Ansätzen höher ist, allerdings soll der darauffolgende Wartungsaufwand dafür deutlich geringer sein. Ein Beispiel für einen strukturellen Ansatz stellen Wen et al. in [32] vor. Hier wurde CBR auf die Fehlerdiagnose bei Fahrzeugen angewendet. Um auf die Fehlerursache zu schließen wurde ein Agentensystem bestehend aus einem Fahrzeugdiagnose-Agenten (Vehicle Diagnostic Agent bzw. VDA) und vielen Signaldiagnose-Agenten (Signal Diagnostic Agents bzw. SDAs) entwickelt. Dabei ist jeder der Signal-Agenten für die Fehlerdiagnose eines bestimmten Signals zuständig. Der VDA analysiert mithilfe von CBR die Fehlerdiagnosen der einzelnen SDAs. Das Heraussuchen des passenden gelösten Falls erfolgt entweder anhand der Ähnlichkeitsbestimmung von einzelnen Diagnoseergebnissen der SDAs oder anhand der Ähnlichkeitsbestimmung von festgelegten Merkmalen schlechter Signalausschnitte der SDAs.

2.2.2 Modellbasierte Diagnose

Modellbasierte Diagnosesysteme beschreiben das korrekte Verhalten von Komponenten oder Systemen und können durch Vergleich mit dem realen

System die Abweichungen vom Sollverhalten detektieren. Nach Struss und Isermann werden diese sowohl in der On-Board Diagnose wie auch in der Off-Board Diagnose angewendet [33, 34].

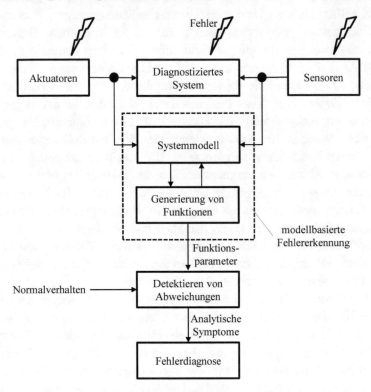

Abbildung 2.7: Schematische Darstellung der modellbasierten Fehlerdiagnose nach [34]

Der Einsatz von Modellen in der On-Board Diagnose bietet den Vorteil, dass hier bereits die Steuergerätefunktionen selbst als Modelle dargestellt werden. Durch die Beschreibung des Verhaltens im Fehlerfall kann das Diagnosesystem die Abweichungen detektieren. Wotawa et al. beschreiben diese Diagnose als flexible Methode, da das Systemverhalten komponentenweise modelliert wird [35]. Die erstellten Modelle können leicht auf ähnliche Systeme angepasst werden, so dass eine Wiederverwendung von behobenen und beschriebenen Fehlern möglich ist. Außerdem ist es möglich die den Modellen

zugrundeliegenden Algorithmen ohne Änderung des Fehlerwissens zu optimieren. In Anlehnung an Isermann, wird das Funktionsprinzip der modellbasierten Diagnose in Abbildung 2.7 dargestellt [34]. Im interdisziplinären
Projekt STEP-X der Volkswagen AG und der TU Braunschweig wurde zwischen 2001 und 2006 gezeigt, dass die Anwendung der modellbasierten Diagnose mit sehr hohem Aufwand und Kosten verbunden ist [20]. Die Erstellung der vollständigen Modelle zur Diagnostizierung eines Gesamtfahrzeugs
stellt sich als sehr zeitintensiv dar. Zudem ist bei komplexen Modellen die
Fehleranfälligkeit hoch. Das liegt an der Komplexität sowie Ungenauigkeiten
des Modells gegenüber dem realen System. Diese Ungenauigkeiten können
zu Fehldiagnosen führen. Diese wiederum resultieren daraus, dass beispielsweise durch das Modell ein Fehler identifiziert wird, der im realen Sysem
nicht vorhanden ist, oder umgekehrt das Modell einen Fehler nicht erkennt,
da es durch das Modell nicht abgebildet werden kann. Ein Beispiel dafür sind
Kabelbrüche oder Wackelkontakte.

2.2.3 Bayessche Netze

Im Zuge der Erforschung künstlicher Intelligenz in den 1980er Jahren stellte
die Bewertung von unsicherem Wissen eine Herausforderung dar. Die
Bayesschen Netze funktionieren nach dem Prinzip des wahrscheinlichkeits-
basierten Schließens. Damit wird es möglich unsicherem Wissen eine Wahrscheinlichkeit zuzuordnen. Kjaerulff und Madsen bezeichnen die Bayesschen
Netze als „probabilistic Networks" und vergleichen sie mit einer kompakten
Darstellung von unscharfen Ursache-Wirkungs-Ketten [36]. Diese sind im
Gegensatz zu logischen regelbasierten Systemen in der Lage sowohl deduktives, abduktives Folgern als auch interkausales Folgern zu ermöglichen. Bei
der Betrachtung des in Abbildung 2.8 dargestellten Beispiels stellen „Erkältung" und „Allergie" zwei unterschiedliche Ursachen dar. Zwei Wirkungen
können eine „laufende Nase" oder „Fieber" sein. Deduktives oder auch kau-
sales Folgern bedeutet das Schließen von Ursachen auf Wirkungen. Es ist
beispielsweise naheliegend, dass wenn ein Kollege eine Erkältung hat, er mit
einer hohen Wahrscheinlichkeit auch Fieber hat und seine Nase läuft. Beim
abduktiven oder diagnostischen Folgern wird in die entgegengesetzte Rich-
tung von den Wirkungen auf die Ursachen geschlossen, beispielsweise aus

der Beobachtung, dass ein Kollege eine laufende Nase hat, schließen wir, dass er entweder eine Erkältung oder eine Allergie hat. Erfolgt das Schließen zwischen den Ursachen einer gemeinsamen Wirkung, nennt man das interkausal, beispielsweise gibt es, wie in Abbildung 2.8 dargestellt, zwei mögliche Ursachen für eine laufende Nase. Durch die zusätzliche Beobachtung von Fieber wird die Erkältung als Ursache bestätigt während die Allergie als Ursache deutlich unwahrscheinlicher wird.

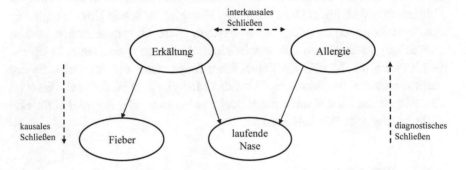

Abbildung 2.8: Darstellung der drei verschiedenen Schlussfolgerungstypen in Bayesschen Netzen

Die Bayesschen Netze basieren auf der Graphentheorie und stellen die Abhängigkeiten von Elementen zueinander dar. Durch die Modellierung von Abhängigkeiten einzelner Variablen zu einer Struktur ist es möglich auch komplexe Zusammenhänge abzubilden. Ein Graph G ist definiert als ein Tupel aus einer Menge von V Knoten und einer Menge von E Kanten. Die Knoten beschreiben dabei die Zufallsvariablen, welche eine endliche Anzahl an Zuständen haben. Dabei wird jedem Zustand eine Wahrscheinlichkeit zugewiesen. Die Kanten beschreiben die bedingten Abhängigkeiten zwischen den Knoten. Sind zwei Knoten V_1 und V_2 durch eine Kante miteinander verbunden, nennt man die Knoten Nachbarn. Wenn die Knoten durch eine gerichtete Kante $(V_1 \rightarrow V_2)$ verbunden sind, wird V_2 als Kindkonten von dem Elternknoten V_1 bezeichnet. Sind zwei Knoten nicht durch eine Kante miteinander verbunden, so sind diese unabhängig voneinander. Ist die Menge von n Knoten durch gerichtete Kanten verbunden und ohne Zyklus, bezeichnet man das als gerichteten ayzklischen Graphen (Directed Acyclic Graph, DAG). Die Bayesschen Netze sind solche Graphen.

Ist der Zustand einer Variablen bekannt, bezeichnet man das als Evidenz. Diese hat einen Einfluss auf die Wahrscheinlichkeiten der anderen Knoten. Es wird dabei zwischen harter und weicher Evidenz unterschieden. Kann die Wahrscheinlichkeit eines Zustands durch eine Beobachtung mit Sicherheit auf 100 % bzw. 1.0 gesetzt werden, spricht man von harter Evidenz. Bei der weichen Evidenz dagegen ist die Wahrscheinlichkeit unbekannt. Die Unsicherheit der Wahrscheinlichkeit kann jedoch bestimmt werden. Wie von Krieger beschrieben, kann die Formel von Bayes in der Diagnose zur Ermittlung wahrscheinlicher Fehlerursachen (*P(Ursache|Symptom)*) angewendet werden [20]. In Gleichung 2.1 ist die Formel für die Berechnung der Wahrscheinlichkeit einer Fehlerursache unter Berücksichtigung eines Symptoms dargestellt.

$$P(Ursache|Symptom) = \frac{P(Symptom|Ursache) \cdot P(Ursache)}{P(Symptom)} \quad \text{Gl. 2.1}$$

Die bedingte Wahrscheinlichkeit *P(Symptom|Ursache)* bedeutet hierbei, dass das Eintreten des Symptoms die Wahscheinlichkeit der Ursache beeinflusst. Mit Hilfe der Bayesschen Netze können komplexe Systeme dieser Art berechnet werden. Wie bereits erwähnt, wird das Verhalten des Netzes durch seine Struktur bestimmt. Je nachdem wie zwei Knoten durch einen dritten miteinander verbunden sind, können unterschiedliche Abhängigkeitsstrukturen gebildet werden. In Abbildung 2.9 sind die Grundformen von Bayeschen-Netzen dargestellt [37].

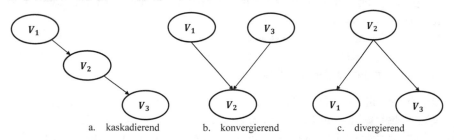

a. kaskadierend   b. konvergierend   c. divergierend

Abbildung 2.9: Mögliche Abhängigkeitsstrukturen bei Bayesschen Netzen

Hat der Knoten V_1 einen Einfluss auf den Knoten V_2 und dieser wiederrum auf den Knoten V_3, so handelt es sich in diesem Fall um kaskadierend gerichtete Knoten. (Abbildung 2.9 a) Ist im Knoten V_3 eine Evidenz gesetzt, so hat dies auch einen Einfluss auf Knoten V_2 und Knoten V_1. Ist bei Knoten V_2 eine harte Evidenz gesetzt, sind die Knoten V_1 und V_3 bedingt unabhängig und der Informationsfluss wird unterbrochen.

Wenn zwei oder mehrere Elternknoten Einfluss auf einen gemeinsamen Kindknoten haben, spricht man von einer konvergierenden Verbindung. (Abbildung 2.9 b) Ist der Zustand des Kindknotens V_2 unsicher, so beeinflussen sich die Elternknoten V_1 und V_3 nicht untereinander. Wenn der Zustand des Kindknotens bekannt ist, werden die Elternknoten als bedingt abhängig bezeichnet.

Sind alle Kindknoten von einem Elternknoten abhängig, spricht man von einer divergierenden Verbindung. (Abbildung 2.9 c) Ist die Evidenz eines Kindknotens gesetzt, hat das Einfluss auf den Elternknoten und damit auch auf alle anderen Kindknoten. Ist die Evidenz des Elternknotens bekannt, so herrscht zwischen den Kindknoten eine bedingte Unabhängigkeit und der Informationsfluss ist hier ebenfalls unterbrochen.

In einem Bayesschen Netz hat zu Beginn jeder Knoten eine Tabelle mit bedingten Wahrscheinlichkeiten für jeden möglichen Zustand. Ändert sich der Zustand oder die Wahrscheinlichkeitsverteilung eines Knotens, muss das Netz neu berechnet werden. Das bedeutet, dass die Wahrscheinlichkeiten von allen benachbarten Knoten, welche durch eine Kante mit dem veränderten Knoten verbunden sind, direkt benachrichtigt werden. Die Knoten sind in der Lage aufgrund von Nachrichten ihre eigenen Variablen zu verändern und ihre Nachbarknoten über die Ergebnisse zu informieren. Das ist auch der Grund dafür, dass ein Bayessches Netz keine Zyklen enthalten darf. Diese würden durch das Benachrichtigungsverhalten der Knoten dazu führen, dass die Berechnung des Netzes in eine Endlosschleife geht.

Da die möglichen Ursachen für Fehler in der Diagnose unterschiedliche Wahrscheinlichkeiten haben, können die Bayesschen Netze als wahrscheinlichkeitsbasiertes Diagnoseverfahren verwendet werden. Diese wurden bereits für unterschiedliche Fragestellungen im Bereich der Automobildiagnose eingesetzt. So beschreibt Krieger in seiner Dissertation ein Verfahren, das es ermöglicht mithilfe von Bayesschen Netzen mit Fehlersymptomen auf mögliche Ursachen zu schließen [20]. Anhand der identifizierten möglichen Fehlerursachen wird automatisch eine Prüfanweisung erzeugt mit welcher die Fehlerursache eingegrenzt werden kann. Lüke entwickelte ein Diagoseverfahren, welches Bayessche Netze mit dynamischen Systeminformationen kombiniert und durch eine externe Instanz während der Laufzeit optimiert werden kann [38]. Huang und seine Kollegen entwickelten für die Diagnose von elektronischen Systemen im Automobil eine wahrscheinlichkeitsbasierte geführte Fehlersuche, welches zudem in der Lage ist mehrere gleichzeitig eingetragene DTC, die in Beziehung zum gleichen Fehler stehen, zu berücksichtigen [39].

2.2.4 Neuronale Netze

Künstliche neuronale Netze sind nach dem Vorbild aus der Biologie in Anlehnung an die natürlichen neuronalen Netze im Gehirn und Rückenmark entstanden. Sie können komplexe Muster lernen, ohne dass Regeln die Zusammenhänge beschreiben. Im Gegensatz zu natürlichen neuronalen Systemen können sie nicht selbstständig lernen, sondern müssen trainiert werden. Die Neuronen sind über gerichtete und gewichtete Verbindungen vernetzt. Die Datenübertragung zwischen den Neuronen läuft über die Verbindungen und wird je nach Stärke des Verbindungsgewichts verstärkt oder geschwächt. Anschauliche Beschreibungen der Funktionsweise von neuronalen Netzen sind in [40–43] dargestellt. Die mathematische Definiton lautet:

Ein neuronales Netz ist ein sortiertes Tripel (N, V, w) wobei N die Menge der Neuronen ist und V die Menge $\{(i, j) | i, j \in \mathbb{N}\}$ der Verbindungen zwischen Neuronen i und j ist. Die Funktion $w: V \to \mathbb{R}$ definiert die Stärke bzw. die Gewichte $w_{i,j}$ der Verbindungen zwischen zwei Neuronen. Sind im Netz zwei Neuronen nicht miteinander verbunden, so ist das Gewicht null oder undefiniert. Kriesel unterteilt die Datenverarbeitung innerhalb eines Neurons in folgende drei Funktionen [40]:

Propagierungsfunktion

Mit dieser Funktion nimmt ein Neuron j die Ausgaben $o_{i1}, ..., o$ aller Neuronen $i_1, i_2 ..., i_n$ entgegen, für welche eine Verbindung zu j besteht. Es verarbeitet diese unter Berücksichtigung der Verbindungsgewichte $w_{i,j}$ und erzeugt als Ergebnis die Netzeingabe net_j.

$$net_j = \sum_{i \in I} (o_i \cdot w_{i,j}) \qquad\qquad \text{Gl. 2.2}$$

Häufig wird zur Ermittlung der Netzeingabe die in Gleichung 2.2 dargestellte, gewichtete Summe verwendet. Dabei ist I die Menge der Neuronen, welche Daten an das Neuron j übergeben.

Aktivierungsfunktion

Diese Funktion gibt den Aktivierungzustand a_j des Neurons j an. Ein Neuron gilt als aktiviert, wenn ihr Schwellwert Θ_j durch die Netzeingabe net_j überschritten wird. Dieser Schwellwert ist die Stelle der größten Steigung der Aktivierungsfunktion und kann mit der Reizschwelle verglichen werden, ab welcher ein biologisches Neuron feuert. Die Aktivierungsfunktion ist definiert als

$$a_j(t) = f_{act}\big(net_j(t), a_j(t-1), \Theta_j\big). \qquad\qquad \text{Gl. 2.3}$$

Diese erzeugt, wie in Gleichung 2.3 beschrieben, aus dem alten Aktivierungszustand $a_j(t-1)$, der Netzeingabe net_j und unter Berücksichtigung des Schwellwertes Θ_j den neuen Aktivierungszustand $a_j(t)$. Meist unterscheiden sich die Neuronen lediglich durch die Schwellwerte und haben die gleiche Aktivierungsfunktion. Wenn sich durch das Lernen die Schwellwerte ändern, müssen diese ebenfalls einen Zeitbezug erhalten. Die einfachste Aktivierungsfunktion ist die binäre Schwellenwertfunktion oder auch Heaviside-Funktion.

Ausgabefunktion

Hier wird der Wert berechnet, welchen das Neuron j an die anderen, mit ihm in Verbindung stehenden, Neuronen weitergibt. In der Gleichung 2.4 wird der Ausgabewert o_j der Ausgabefunktion aus seinem Aktivierungszustand a_j berechnet

$$f_{out}(a_j) = o_j. \hspace{3cm} \text{Gl. 2.4}$$

Dabei ist die Ausgabefunktion meist auch global über alle Neuronen identisch und wird direkt als die Aktivierung a_j wie in Gleichung 2.5 ausgegeben.

$$f_{out}(a_j) = a_j, also\ o_j = a_j \hspace{2cm} \text{Gl. 2.5}$$

In Abbildung 2.10 ist die Kernfunktionen (grauer Kasten) eines künstlichen Neurons schematisch dargestellt. Das Neuron wird aktiviert, sobald die Netzeingabe den Schwellwert Θ_j der Aktivierungsfunktion überschreitet. Die Aktivierungsfunktion hat ihre größte Steigung am Schwellwert Θ_j. Daher ist das Neuron um diese Stelle herum besonders empfindlich. Neuronale Modelle können beispielsweise zur Diagnose von Fahrzeugen eingesetzt werden. So hat Müller in seiner Arbeit ein Verfahren zur Fehlerklassifikation entwickelt, welches aus Reparaturfällen ein neuronales Netz erzeugt und dieses trainiert [7]. Das Netz kann dann zur Fehlerdiagnose in den Servicewerkstätten eingesetzt werden. Dabei wurden die Kundenbeanstandungen und Fehlerspeichereinträge als Symptominformationen, die defekten Komponenten als Reparaturinformationen und der Fahrzeugtyp und die Ausstattung als Kontexinformationen unterteilt. Das Neuronale Netz hat die Aufgabe aus den vorhandenen Symptomen Diagnose-Hypothesen zu defekten Komponenten zu finden, welche die Defektursache erklären. Die möglichen Symptome werden durch jeweils ein eigenes Eingangsneuron und die möglichen defekten Komponenten durch jeweils ein Ausgangsneuron dargestellt. Um die

Dualität der Falldaten durch den Unterschied zwischen den zuverlässig verfügbaren Kontextinformationen und den unzuverlässigen und teilweise fehlerhaften Symptominformationen bzw. Reparaturinformationen gerecht zu
werden, führt Müller eine zusätzliche verdeckte Schicht ein. Die Neuronen in
dieser Schicht werden als virtuelle kontextkorrigierte Symptom-Neuronen
behandelt und sind mit allen Kontext-Neuronen verbunden. Mit diesem neuronalen Modell wurde in der Evaluierung eine Trefferquote von 94 % erreicht [7, 44].

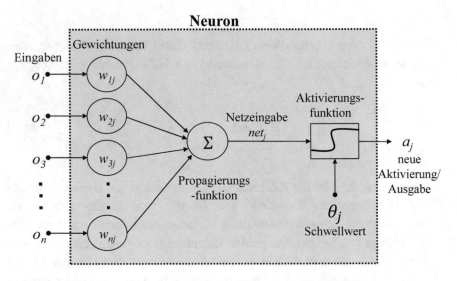

Abbildung 2.10: Funktionsschema eines künstlichen Neurons angelehnt an [41] und [40].

2.3   Prozessuale Unterschiede zwischen After-Sales und Entwicklung

Bei Kundenfahrzeugen aus der Serie hat die Fehlerdiagnose den Zweck der
Behebung einer Fehlfunktion oder eines Defektes. Im Unterschied dazu hat
die Fehlerdiagnose in der Entwicklung eine weitaus größere Bedeutung.
Zusätzlich zur Behebung von Fehlfunktionen wird hiermit, wie bereits in der

Einleitung erwähnt, auch das Tracking des Reifegrades von Hard- und Software sichergestellt. Es findet eine Validierung der Funktionalität von Hardwarekomponenten sowie der Bedatung von Softwarefunktionen und Diagnosefunktionen statt. Dazu werden unter anderem Langzeittests mit Flotten aus Erprobungsfahrzeugen durchgeführt. Diese haben das Ziel am Ende des Testzeitraumes die Freigabe sowohl der Hardwarekomponenten als auch der Software für den Start of Production (SOP) und den Einsatz in der Serie zu geben.

Am Anfang des Produktentstehungsprozesses steht die Konzeptphase, an welche sich die Phase der Fahrzeugentwicklung anschließt [45]. Parallel zur Produktion beginnt die Phase des After-Sales Services. Dieser verfolgt das Ziel den Kunden sowohl nachträglich in seiner Kaufentscheidung zu bekräftigen als auch eine langfristige Kundenzufriedenheit und Kundenbindung zu erreichen. In Abbildung 2.11 ist der Fahrzeuglebenszyklus schematisch dargestellt. Vergleicht man den Fehlerabotollprozess im Kundendienst und in der Fahrzeugentwicklung, werden einige Unterschiede sichtbar. Diese begründen sich durch die unterschiedliche Position im Fahrzeuglebenszyklus. Der Kundendienst ist dem After-Sales zugeordnet. Hier ist der Reifegrad des Fahrzeugs hoch, die Fahrzeugvarianten sind bereits festgelegt und die Gesamtarchitektur des Serienfahrzeuges ist vollständig bekannt. Demzufolge sind die Änderungen bzgl. Hard- und Software gering. Meist beschränken sich diese auf kleinere Änderungen durch Modeljahranpassungen, kleine Softwareupdates oder Anpassungen in Folge von Rückrufaktionen. Während der Fahrzeugentwicklung dagegen ist der Reifegrad gerade zu Beginn gering. In der frühen Entwicklungsphase werden zunächst neue Subsysteme wie beispielsweise ein neuer Powertrain in Serienfahrzeuge eingebaut und diese als sogenannte Erprobungsträger betrieben. Die Entwicklung der einzelnen Subsysteme und Komponenten findet parallel statt. Nach der Implementierung der Funktionen werden diese geprüft und stufenweise über verschiedene Systemebenen implementiert. In dieser Phase werden außerdem parallel noch viele Entscheidungen getroffen.

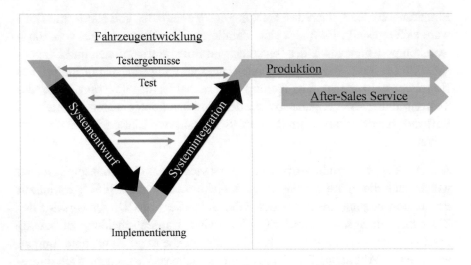

Abbildung 2.11: Schematische Übersicht des Fahrzeuglebenszyklus

So sind beispielsweise die Fahrzeugvarianten bezüglich ihrer Komponenten und Ausstattungen noch nicht final festgelegt oder der Lieferant für eine Komponente ist noch nicht fixiert.Daher müssen verschiedene Subsystemvarianten aufgebaut, bedatet und abgesichert werden. Daraus ergibt sich ein wesentlicher Unterschied in der Gesamtkonfiguration des Fahrzeugs. In der Serienphase (Kundendienst) ist dieser vollständig bekannt. In der Entwicklung hingegen werden Fahrzeuge als Erprobungsträger für neue unterschiedliche Subsystemvarianten eingesetzt. Daher sind die Fahrzeugkonfigurationen der Entwicklungsfahrzeuge sehr unterschiedlich und variabel im Gegensatz zu den festgelegten Varianten der Serienfahrzeuge.

In der Serie sind zudem deutlich mehr Fahrzeuge pro Variante verfügbar als im Entwicklungsbereich Demzufolge ist die verfügbare Fallzahl von Fehlerereignissen in der Entwicklung wesentlich geringer als im Servicebereich.In Tabelle 2.4 sind die Unterschiede zwischen Kundendienst und Fahrzeugentwicklungsbereich gegenübergestellt. Das Ziel der Fehleranalyse in der Fahrzeugentwicklung ist neben der Identifizierung bzw. Abstellung von Fehlfunktionen die Validierung von Hardware und Software. Daher werden die Fehlerspeicher detaillierter ausgelesen als im Kundendienst, d.h. in der

Entwicklung werden mehr Fehlerstatusbits ausgelesen. Die Fehlerstatusbits sind in der ISO 14229 spezifiziert [22].

Tabelle 2.4: Unterschiede im Servicebereich und im Fahrzeugentwicklungsbereich

	Kundendienst	**Fahrzeugentwicklung**
Gesamtkonfiguration des Fahrzeuges	vollständig bekannt in Zielkonfiguration	Einsatz von Erprobungsträgern mit unterschiedlichen Subsystemvarianten
Reifegrad Hardware (HW) und Software (SW)	hoch	niedrig, Richtung SOP stark zunehmend
Änderungshäufigkeit HW und SW	sehr selten	häufig
Änderungen der Anzahl an Varianten	fest	variabel (noch nicht festgelegt)
Anzahl verfügbarer Fahrzeuge/ Falldaten	hoch	gering
Ziel der Fehleranalyse	Identifizierung /Abstellung von Fehlfunktionen	Identifizierung /Abstellung von Fehlfunktionen Tracking und Validierung des Reifegrades von HW und SW Absichern von Bedatungen und Diagnosegrenzen
Ausgelesene Fehlerspeicherstatus	active, confirmed	active, pending, confirmed, test not completed since last clear, test failed since last clear

2.3.1 Randbedingungen aus der Entwicklung für die Fehleranalyse

Betrachtet man die Entwicklungsphase von Fahrzeugen, zeichnet sich diese wie bereits beschrieben durch eine besonders hohe Dynamik aus. Die Herausforderung der Fehleranalyse kann in zwei Bereiche aufgeteilt werden: die hardwareseitigen und die softwareseitigen Faktoren.

Die hardwareseitigen Faktoren zeichnen sich durch prototypische Fahrzeug-
aufbauten, die besonders am Anfang der Entwicklungsphase als Erprobungsträger verfügbar sind, aus. Im Laufe der Entwicklung gibt es verschiedene
Evolutionsstufen. Auch die Aufbauzustände der Fahrzeuge unterliegen häufigen Änderungen, da die Zielhardware noch nicht endgültig festgelegt ist. In
Folge dessen gibt es Fahrzeuge mit unterschiedlichen Mischaufbauten, die
teilweise in ihrer Konfiguration nicht auf den Markt kommen werden aber
dennoch getestet werden müssen. Durch die häufigen Umbauten der Erprobungsträger ergeben sich zudem ungewöhnliche mechanische Belastungen
der Bauteile. Die Entwicklungsfahrzeugflotten haben eine geringe Stückzahl
und weisen dabei eine große Variantenvielfalt auf. Das bedeutet, dass nur
wenige Fahrzeuge in einer identischen Konfiguration vorhanden sind.

Die softwareseitigen Faktoren ergeben sich durch unvollständige Funktionen, die noch nicht in der Software implementiert sind. Das bedeutet, dass
sowohl Softwareapplikationen als auch Diagnosefunktionen während der
Entwicklungsphase noch nicht ihren finalen Umfang haben. Die Entwicklung
der Software erfolgt in sogenannten V-Zyklen. Diese Zyklen gehen auf das
V-Modell zurück. Bei der Entwicklung nach dem V-Modell werden, wie in
Abbildung 2.12 gezeigt, elektronische Systeme in Subsysteme wie beispielsweise Steuergeräte-Software Entwicklung und Steuergeräte-Hardware
Entwicklung aufgeteilt. Dies ermöglicht die parallele Entwicklung an Sub-
systemen, welche dann geprüft und stufenweise integriert werden müssen.
Für eine reibungslose Integration ist ein enger Austausch und Abstimmung
der beteiligten Subsystemverantwortlichen unerlässlich [19]. Die zyklische
Prüfung der Entwicklungsstufen bedingt häufige Softwareupdates. Die Abbildung 2.13 veranschaulicht den dynamischen Entwicklungsprozess der
Software.

Dargestellt sind die Anzahl der Updates von Steuergeräte-Datenständen eines
Powertrains vom ersten Quartal 2015 bis einschließlich zum zweiten Quartal
2016. Über den Betrachtungszeitraum hinweg gibt es kontinuierlich Soft-
wareänderungen. Das Motorsteuergerät erfährt im Entwicklungsprozess die
meisten Updates pro Zeiteinheit, da dieses die umfangreichsten Funktionen
beinhaltet [47]. Die Schwankungen innerhalb und zwischen den einzelnen
Steuergeräten sind auf die parallele Entwicklung der verschiedenen Power-

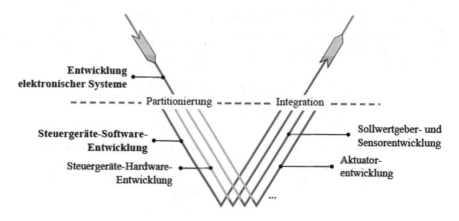

Abbildung 2.12: Darstellung der Entwicklung nach dem V-Modell aus [19]

trainsubsysteme (beispielsweise Motor, Getriebe, Harnstoffeinspritzsystem), welche teilweise nicht synchron ablaufen können, zurückzuführen. Aufgrund der steigenden Vernetzung ist es zudem nicht mehr möglich einzelne Steuergeräte singulär einem Update zu unterziehen. Es muss sichergestellt werden, dass die Softwarestände zwischen Steuergeräten kompatibel zueinander bleiben, da sonst steuergeräteübergreifende Funktionalitäten nicht korrekt arbeiten.Dazu werden die Softwareupdates der Steuergeräte in Releasepaketen gebündelt. So gibt es beispielsweise für das Subsystem der Powertrainkomponenten sogenannte Powertrain-Releases. Die Software-Releaseupdates bedingen wiederum teilweise Hardwareupdates. Das bedeutet, dass vor einem Software-Releaseupdate unter Umständen ein Hardwareumbau bzw. Modernisierung stattfinden muss. Die Erprobungsfahrzeuge sind jedoch aufgrund ihres Reifegrades nur eingeschränkt modernisierbar. Es kann daher nicht jedes Fahrzeug den gleichen Hard- und Softwarestand haben.

Dementsprechend ist die Anzahl an Fehlerfällen von aufbaugleichen Fahrzeugen im Vergleich zur Serie deutlich geringer. Die häufigen Updates führen außerdem dazu, dass nur wenige Testdaten und Fehlerereignisse zu den Erprobungsfahrzeugen einer Softwareversion vorhanden sind.

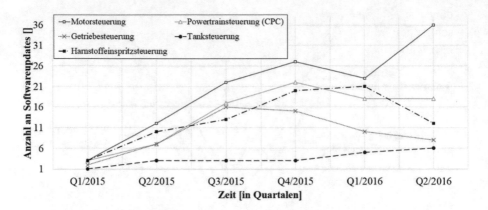

Abbildung 2.13: Darstellung der Anzahl von Datenstandsupdates pro Quartal und Steuergerät angelehnt an [46]

2.3.2 Fazit und Notwendigkeit neuer Methoden

Zusammengefasst sind in der frühen Entwicklungsphase von neuen Fahrzeugmodellen bzw. Modellvarianten die Daten zur Fehleranalyse nur in geringer Anzahl vorhanden. Zudem liegen die Daten in unterschiedlichen Formaten aus verschiedenen Quellen vor. Es gibt Aufzeichnungen von Messungen als Zeitschriebe beispielsweise von Datenloggern, Messprotokolle von speziell definierten Skripten auf OTX-Basis (Open Test sequence eXchange) oder einfache Auslesungen von Fehlerspeichereinträgen. Die Qualität dieser Daten unterliegt aufgrund des geringen Reifegrades teilweise starken Schwankungen. So kann es beispielsweise vorkommen, dass aufgrund eines Bedatungsfehlers in der Diagnosedatei die Umgebungsdaten beim Fehlerspeicherauslesen eines Steuergerätes nicht angezeigt werden. Hinzu kommen untypische Fehlerbilder, die sich durch die entwicklungsspezifisch häufigen Fahrzeugumbauten oder durch nicht bzw. nicht vollständig implementierte Diagnose- und Softwarefunktionen ergeben. Aufgrund dieser Einflussfaktoren ist die Ursache eines Fehlerspeichereintrags (DTC) nicht eindeutig interpretierbar. Da jedoch, wie in Abschnitt 2.3 zu Beginn beschrieben, die Freigabe der Hard- und Software auf Basis der Bewertung der Fehlerspeichereinträge erfolgt, wird eine Methode benötigt, welche die Analyse von Fehlerspeichereinträgen unterstützt und erleichtert. Besonders wichtig dabei ist es eine Unterscheidung zwischen Fehlern, die vermehrt oder ausschließlich in der Entwicklungsphase auftreten, und freigaberelevanten Fehlern wie beispielsweise Bauteilfehlern oder fehlerhaften Funktionsbedatungen treffen zu können.

Die in Abschnitt 2.2 beschriebenen zur Fehleranalyse eingesetzten Diagnosesysteme fokussieren sich auf den Anwendungsbereich der Werkstattdiagnose von Kundenfahrzeugen aus der Serie. Azarian gibt in seiner Arbeit einen guten Überblick über die beschriebenen Diagnosemethoden mit ihren Vor- und Nachteilen [48]. In Tabelle 2.5 sind die am häufigsten verwendeten Diagnosemethoden dargestellt. Expertensysteme und Entscheidungsbäume sind zwar einfach anwendbar und verständlich haben jedoch aufgrund ihrer Struktur den Nachteil der aufwendigen Wartung bzw. der eingeschränkten Wiederverwendbarkeit. Haglund und Virkkla erzielen in ihrer Arbeit mit unkorrelierten Entscheidungsbäumen, sogenannten Random Forests, gute Ergebnisse in der Vorhersage eines Komponentenfehlers oder Ausfalls basierend auf der Werkstatthistorie, DTC und Betriebsdaten [49]. Sie betrachten allerdings nur den Anlasser als eine Komponente. Entscheidungsbäume eignen sich nicht für komplexe Systeme mit großer Änderungsgeschwindigkeit, wie sie vor allem in der Fahrzeugentwicklung zu finden sind. Die modellbasierte Diagnose ist zwar sehr flexibel und erweiterbar, ist allerdings bei komplexen Modellen fehleranfällig und wird daher unzuverlässig bzw. führt zu Fehldiagnosen. Da in der Entwicklung die Funktionsfähigkeit der Diagnose überprüft werden muss, ist die modellbasierte Diagnose nicht geeignet. Case-Based Reasoning ist ebenfalls erweiterbar, benötigt jedoch eine große Wissensbasis mit gelösten Fällen, welche in der Entwicklung nicht zur Verfügung steht. Bayessche Netze werden schnell zu groß, wodurch ihre Komplexität nicht mehr beherrschbar ist. Außerdem benötigen sie eine hohe Fallzahl pro Merkmal, da sonst das Strukturlernen nicht möglich ist [7]. Zum Aufbau neuronaler Netze wird eine große Trainingsbasis aus Reparaturfalldaten benötigt [7, 50, 51]. Diese großen Fallzahlen sind in der Entwicklung nicht vorhanden.

Tabelle 2.5:   Übersicht der verschiedenen Diagnosesysteme mit Vor- und Nachteilen
in Anlehnung an Azarian

Ansatz	Prinzip	Vorteile	Nachteile
Experten-systeme	Regeln: Wenn…dann	einfach anwendbar	Struktur, Wartung, Wiederverwendbarkeit
Entscheidungs-bäume	Testfälle	Visualisierung, Verständlichkeit	aufwendiger Aufbau der Bäume
Modellbasierte Diagnose	Vergleich realer und simulierter Werte	Flexibilität, Erweiterbarkeit	fehleranfällig bei komplexen Modellen
Case-Based Reasoning	Ähnlichkeiten	Lernen, Zerlegbarkeit, Erweiterbarkeit	vollständige Fallbasis
Bayessche Netze	Kausalitäten und Wahrscheinlich-keiten	Berücksichtigung von Unsicherheiten	hohe Fallzahl zur Bestimmung von Wahrscheinlichkeiten
Neuronale Netze	Basieren auf gelösten Fällen	Lernen, Robustheit, Flexibilität	große Trainingsbasis

Zusammengefasst sind die bisher eingesetzen Systeme nicht für kleine Da-
tenbasen mit geringer Datenqualität und hoher Änderungsdynamik ausgelegt
und können daher die Anforderungen an die Anwendung für den Einsatz in
der Fahrzeugentwicklung nicht abdecken. Es besteht demzufolge die Notwendigkeit der Konzipierung einer neuen Methode, welche diesen Anforderungen entsprechend Rechnung tragen kann.

3 Fehleranalyse in der Fahrzeugentwicklung

Im folgenden Kapitel wird ein neuer Ansatz zur Analyse von Fehlerspeichereinträgen in der Entwicklung vorgestellt. Dazu wird einleitend der aktuelle Prozess der Fehleranalyse und Fehlerabstellung im Entwicklungsumfeld beschrieben. Anschließend wird dieser Prozess untersucht und die verfügbaren Informationen sowie die verwendeten Fehlerkategorisierungen werden betrachtet. Aus dieser Untersuchung werden Potentiale abgeleitet, welche zur Optimierung der Fehleranalyse und Fehlerabstellung beitragen. Es werden verschiedene Methoden zur Bestimmung von Ähnlichkeiten untersucht und deren Eignung für die Fehleranalyse bewertet. Abschließend wird die Auswahl der geeigneten Methode zur Analyse von Fehlerspeichereinträgen vorgestellt.

3.1 Prozess der Fehleranalyse und Fehlerabstellung

Wie bereits in Abschnitt 2.3 beschrieben, verfolgt die Fehleranalyse in der Entwicklung das Hauptziel der Bewertung des Reifegrades von Hard- und Software. In dieser Arbeit wird stellvertretend die Fehleranalyse des Powertrains betrachtet. Die Absicherung des Powertrains erfolgt durch den Betrieb von sogenannten Dauerlaufflotten. Dazu wird für jede Motorvariante ein Powertrain-Dauerlauf durchgeführt. Im Fahrzeugdauerlauf werden die Erprobungsfahrzeuge anhand von definierten Streckenprofilen rund um die Uhr getestet. In regelmäßigen Abständen oder bei kundenwahrnehmbaren Beanstandungen werden die Powertrain-Steuergeräte ausgelesen. Dabei werden sowohl definierte Messwerte als auch die Fehlerspeichereinträge gespeichert. Die Fehlerspeichereinträge werden mit entsprechenden Metadaten, wie Umgebungsdaten, Fahrzeugnummer, Kilometerstand und Softwareversion der Powertrain-Steuergeräte in einer Datenbank abgelegt. In dieser Datenbank werden je Steuergerät die Fehlerspeichereinträge in einer Liste dargestellt und können durch die jeweils verantwortlichen Entwickler bewertet werden. Der Entwickler kommentiert die notwendigen Schritte zur genaueren Ein-

© Springer Fachmedien Wiesbaden GmbH, ein Teil von Springer Nature 2018
B. Krausz, *Methode zur Reifegradsteigerung mittels Fehlerkategorisierung von Diagnoseinformationen in der Fahrzeugentwicklung*, Wissenschaftliche Reihe Fahrzeugtechnik Universität Stuttgart, https://doi.org/10.1007/978-3-658-24018-9_3

grenzung der Fehlerursache und die final identifizierte Ursache in einem
Freitextfeld, dem sogenannten Fehlerkommentar. Die Erkenntnisse aus der
Fehleranalyse fließen beispielsweise in Form von Bugfixes in das nächste
Software-Releasepaket ein und werden zu einem definierten Zeitpunkt auf
die Dauerlaufflotte ausgerollt. Die Flotte führt dann mit dem neuen Softwarestand das Testing fort. Die Abbildung 3.1 stellt diesen Prozess schematisch dar. Das Ziel dieses Prozesses ist es alle implementierten Funktionen zu
validieren sowie alle freigaberelevanten Fehler zu beseitigen und die in diesem Zusammenhang umgesetzten Anpassungen ebenfalls zu validieren.

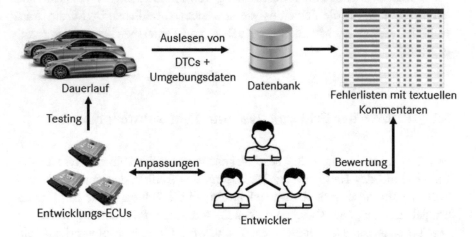

Abbildung 3.1:   Schematische Darstellung des Fehleranalyse- und Fehlerabstellungs-
prozesses in der Entwicklung

Der Fehlerabstellprozess findet nach der 8D-Logik statt. Dies ist ein Bestandteil des 8D-Reports, welcher im Rahmen des Qualitätsmanagements genutzt wird und durch den Verband der Automobilindustrie standardisiert ist.
Die 8D beschreiben die acht notwendigen Prozessschritte zur systematischen
Abarbeitung von Beanstandungen bzw. Reklamationen. Die ersten Schritte
sind die Adressierung des Fehlers an den entsprechenden Fehlerverantwortlichen, die Beschreibung und Abgrenzung des Problems und das Festlegen
von Sofortmaßnahmen. Anschließend werden die Ursachen analysiert und
nachhaltige Korrekturmaßnahmen nach positiver Wirksamkeitsprüfung eingeführt. Abschließend werden die Lessons Learned in Form von Vorbeu-

gungsmaßnahmen verankert [52]. In der Tabelle 3.1 sind diese acht Prozesschritte dargestellt. Die aktuellen Fehler werden samt ihres 8D-Status getrackt und weitere Fehlereinträge desselben DTC in den 8D-Report aufgenommen.

Tabelle 3.1: Darstellung der Prozessschritte in 8D aus [39]

8D Prozessschritte
1. Team bilden
2. Problem beschreiben
3. Sofortmaßnahmen treffen
4. Urououhoh analysieren
5. Korrekturmaßnahmen festlegen (inkl. Wirksamkeitsüberprüfung)
6. Korrekturmaßnahmen organisatorisch verankern
7. Vorbeugungsmaßnahmen treffen
8. Problemlösungsprozess abschließen

Die Fehlerursachen werden abschließend in einer einfachen Einteilung nach Software- und Hardwarefehlern kategorisiert. Eine Untersuchung von Weiss ergab, dass dabei ca. 60 % der Fehlerfälle der Kategorisierung Softwarefehler zugeordnet werden können [53].

3.1.1 Informationen zu Fehlerspeichereinträgen

Die zur Analyse der Fehlerspeichereinträge herangezogenen Informationen sind der jeweilige Umgebungsdatensatz sowie weitere Metadaten des Fahrzeugs. Im Prozess der Fehleranalyse und Fehlerabstellung Powertrainrelevanter Fehler werden, wie in Abschnitt 2.3.1 beschrieben und in der ISO 14229 definiert, folgende Fehler betrachtet:

■ Allgemeiner Fehlerfall (auch relevant für die Werkstatt):
  • Der Fehlerstatus ist bei „aktiv" (*active*, bit0) und bei „gespeichert" (*confirmed*, bit3) oder *pending (*bit2*)*. Bei *pending* wird im Steuergerät gespeichert, dass es eine Auffälligkeit gab, es werden allerdings noch keine Umgebungsdaten gespeichert. Erst wenn die Auffälligkeit wiederholt auftritt und der Fehler den Status *confirmed* hat, werden Umgebungsdaten gespeichert.

■ Spezieller Fehlerfall (relevant für die Entwickler):
  • *test failed since last clear*
    Die Diagnose hat einmal angeschlagen, danach jedoch nicht mehr, kam daher aus dem *pending* Status nicht hinaus und wurde wieder ausgetragen.

  • *test not completed since last clear*
    Über dieses Fehlerstatusbit kann überprüft werden, ob Diagnosen grundsätzlich durchlaufen oder aufgrund von Fehlbedatungen nie aufgerufen werden.

Neben diesen Informationen wird angezeigt, wie viele Fehler gleichzeitig in dem betroffenen Steuergerät ausgelesen wurden. Dies kann bei der Fehleranalyse hilfreich sein, wenn mehrere DTC aufgrund einer Ursache eingetragen wurden. Solche Einträge kommen beispielsweise vor, wenn eine Komponente einen Fehler hat und mehrere Diagnosen in Folge dessen anschlagen und auslösen. Dabei handelt es sich um Folgefehler, die bis zum SOP nicht mehr in den Fehlerspeicher geschrieben werden sollen. Dazu werden sogenannte Inhibit-Matrizen des Function Inhibition Manager (FIM) bedatet. Dieser übernimmt die Aufgabe Funktionen oder Teilfunktionen aufgrund von Fehlern oder Fehlerkombinationen zu sperren oder Ersatzfunktionen zu aktivieren. Damit sollen Systemschädigungen vermieden werden [23]. Ein bekanntes Beispiel für eine Ersatzfunktion ist die Reduzierung der Motorleistung durch die Motorsteuerung zur Verhinderung von Motorschäden.

Die Analyse der Fehlerspeichereinträge erfolgt manuell durch den Fehlerverantwortlichen. Die Entwicklungsfahrzeuge der Dauerlaufflotten sind mit Datenloggern zur Aufzeichnung von Messdaten ausgestattet. Die Messdaten sind beispielsweise Zeitschriebe der CAN-Kommunikation (Controller Area Network), sogenannte CAN-Traces oder beispielsweise Aufzeichnungen von zusätzlichen Temperatur- bzw. Drucksensoren. Diese werden zur detaillierten Fehleranalyse herangezogen.

3.1.2 Umgebungsdaten von Fehlerspeichereinträgen

Jeder Fehlerspeichereintrag hat, sofern er sich nicht im ersten Durchlauf im Fehlerstatus *pending* befindet, einen Umgebungsdatensatz. Dieser auch Freeze Frame genannte Datensatz stellt, wie in Abschnitt 0 beschrieben, die gespeicherten Umweltbedingungen zu dem DTC dar und hat zwei Untergruppen. Zum einen die Umgebungsdatenwerte beim ersten Auftreten des Fehlers und die Werte beim letzten Auftreten. Es gibt mehere Klassen von Umgebungsdatensätzen, die sich je nach DTC unterscheiden. Die Signale innerhalb dieser Klassen liefern zusätzliche Informationen mit Bezug zum DTC zum Zeitpunkt des Auftretens und sollen den Entwickler bei der Analyse bzw. Eingrenzung des Fehlers unterstützen. Die Umgebungsdaten sind daher ein wichtiger Bestandteil der Fehleranalyse und des Fehlerabstellprozesses. Fehlen während des Entwicklungsprozesses die Umgebungsdaten aufgrund eines Bedatungsfehlers der Diagnosedaten, wird die Fehleranalyse erschwert oder teilweise unmöglich.

3.2 Potentiale zur Optimierung der Fehleranalyse

Die Fehleranalyse der Powertrain-relevanten Fehler wird bisher manuell durch die Fehlerverantwortlichen auf Basis von Untersuchungen der Umgebungsdaten des jeweiligen DTC und unter Zuhilfenahme von zusätzlichen

Messdatenaufzeichnungen durchgeführt. Bei bereits aufgetretenen DTC kann in der Fehlerliste nachgeschlagen werden, welche Ursache für diesen Fehler bereits identifiziert wurde. Dies kann unter Umständen auf den aktuellen Fehlerfall übertragen werden oder kann aufgrund von veränderten Randbedingungen wie beispielsweise unterschiedlichem Fahrzeugaufbau nicht zur Ursachenfindung beitragen. Je nachdem, ob ein DTC durch einen Softwarefehler oder einen Hardwarefehler ausgelöst wurde, sind unterschiedliche Entwickler für die Abstellung dessen zuständig bzw. verantwortlich.

Aus dem aktuellen Prozess ergibt sich, dass das größte Potential in der Fehleranalyse liegt. Da es hier keinen automatisierten Prozess gibt, soll untersucht werden, mit welcher Methode eine schnellere Fehlerinterpretation aus der geringen Anzahl an Eingangsgrößen erreicht werden kann. Die zur Verfügung stehenden Fehlerinformationen können hinsichtlich ihres Nutzwertes und ihrer Aussagekraft für die Analyse von künftigen Fehlerspeichereinträgen untersucht werden. Die sich daraus ergebenden Erkenntnisse können den Entwicklungsprozess ebenfalls verbessern. Im Gegensatz zur Big Data[8]-Analyse hat diese Arbeit das Ziel die Fehleranalyse mit „Smart Data" zu realisieren. Das bedeutet, aus der geringen Anzahl von verfügbaren Daten den maximalen Nutzen bzw. maximale Erkenntnisse zu gewinnen.

3.3   Neuer Ansatz zur Optimierung der Fehleranalyse

Um die Fehleranalyse zu optimieren, werden nach dem Top-Down-Prinzip zunächst gelöste Fehlerfälle analysiert. Die Analyse erfolgt exemplarisch an der Dauerlaufflotte des Powertrain-Projektes eines 4-Zylinder Dieselmotors in der aktuellen E-Klasse (W213). Diese Flotte eignet sich für die Analyse besonders, da hier eine ausreichende Datenmenge vorhanden ist und die Fehlerkommentare so gepflegt sind, dass sie auswertbar sind. Die händische Analyse der Fehlereinträge und der dazugehörigen textuellen Kommentare der Fehlerverantwortlichen hat gezeigt, dass am Fehleranalyse- und Fehler-

---

[8]   Big Data – Datenmengen, die so groß, so komplex, so schnelllebig und so schwach strukturiert sind, dass diese nur mit kostenintensiven, neuartigen Informationsverarbeitungsmethoden analysiert werden können [54].

abstellprozess je nach DTC und Ursache unterschiedlich viele Entwickler beteiligt sind. Das Beispiel in Tabelle 3.2 zeigt einen Fehlereintrag mit der Beteiligung von zwei Verantwortlichen, dem für die Software (Applikateur Luftpfad) und dem für die Hardware (Bauteilverantwortlicher BTV). In diesem Fall hat der Fehlerverantwortliche, hier der Applikateur des Luftpfades den DTC zuerst zur Analyse bekommen. Die Ursachen für einen zu geringen Ladedruck können vielfältig sein. So wäre ein Bauteildefekt oder auch ein Bedatungsfehler der Diagnosefunktion denkbar. Durch zu niedrig gewählte Schwellwerte in der Überwachung könnte beispielsweise fälschlicherweise ein Fehlereintrag ausgelöst werden.

Tabelle 3.2:   Beispielhafte Fehleranalyse mit Beteiligung mehrerer Entwicklungsbereiche

Code/ Beschreibung	Verantwortl.	Kommentar
P0299FA/ PCRGovDvtMaxBP: Der Ladedruck des Abgasturboladers 1 ist zu niedrig.	Applikateur Luftpfad	Überprüfung Abgassystem auf Dichtheit i.O Sichtkontrolle Verdichterseite ATL VTG Verstellung n.i.O. Verstellung blockiert, ATL wird getauscht! Altteil zur Analyse an BTV. [Verantwortl.: 04.05.2016 15:16:03] *Ursache/Analyse*: Ladedruck bei kleinen Motordrehzahlen und mittlerer Last zu klein obwohl der ATL kpl. geschlossen ist. *Auswirkung*: Abschalten Ladedruck-regelung und AGR-Regelung -> Notlauf -> MIL *Maßnahme*: – Fahrzeug abgasseitig abpressen und auf diesbezügliche Undichtigkeit prüfen. Frischluftseitig scheint keine (größere) Leckage vorhanden zu sein – Sollte keine Undichtigkeit gefunden werden ist der ATL in Rücksprache mit BTV zu tauschen und zu befunden. – Fahrzeug muss auf aktuelle Software upgedatet werden

Im Folgenden konnte eine Undichtigkeit durch Abpressen der Abgasanlage ausgeschlossen werden. Durch eine Sichtprüfung konnte letzten Endes ein defekter Steller am Abgasturbolader (ATL) als Fehlerursache identifiziert werden.

Das Bauteil wurde getauscht. Der BTV des ATLs ist für die weitere Analyse dieses Hardwarefehlers zuständig. Wie in diesem Beispiel zu sehen ist, ist der Fehlerverantwortliche, der den DTC zur ersten Analyse bekommt, nicht automatisch derjenige, der den Fehler final identifizieren und abstellen kann. In diesem Beispiel war der DTC ein Folgefehler einer defekten Hardware. Würde es neben den zwei Fehlerursachenkategorien „Hardware" und „Software" noch weitere Kategorien wie beispielsweise „Folgefehler durch Hardware" geben, könnte der zuständige Entwickler schneller eingebunden werden und die Fehleranalyse beschleunigt werden. Außerdem können bestimmte Ursachentypen bzw. ähnliche Fehlerbilder identifiziert werden. Die Festlegung einer geeigneten Anzahl an Kategorien ist wichtig, da eine zu feine Kategorisierung, bei welcher jeder DTC eine Kategorie bekommt, keinen Mehrwert für eine intelligente Analyse liefert. Das Ziel ist es solche Kategorien zu identifizieren, welchen die Ursachen der Fehlereinträge eindeutig zugeordnet werden können.

3.4   Methoden zur Ähnlichkeitsanalyse

Um die Fehlerspeichereinträge kategorisieren zu können, wird eine Methode benötigt, mit welcher die Ähnlichkeiten der DTC inklusive ihrer Metadaten bestimmt werden können. Aus dem Gebiet der Statistik beschäftigt sich die Ähnlichkeitsanalyse genau mit dieser Fragestellung, nämlich wie groß die Ähnlichkeit zwischen verschiedenen Objekten ist bzw. wie diese gemessen werden kann. Die Objekte haben nummerisch kodierte Eigenschaften bzw. Merkmale, welche als Variablen bezeichnet werden. Über die Bestimmung der Ähnlichkeits- bzw. Distanzmaße zwischen den betrachteten Variablen kann ihre Ähnlichkeit bewertet werden. Werden mehrere Variablen gleichzeitig untersucht, erfolgt dies mit Hilfe von multivariaten Analysemethoden.

Diese können in zwei unterschiedliche Gruppen eingeteilt werden, die Struktur-entdeckenden Verfahren und die Struktur-prüfenden Verfahren [55].

Struktur-entdeckende Verfahren

Das Ziel dieser Verfahren ist es Zusammenhänge zwischen den Objekten bzw. Variablen zu entdecken. Dabei liegt im Vorfeld keinerlei Wissen über Beziehungszusammenhänge im zu untersuchenden Datensatz vor. Verfahren, welche hierfür eingesetzt werden sind beispielsweise die Clusteranalyse, Korrespondenzanalyse oder Neuronale Netze.

Strutkur-prüfende Verfahren

Diese Verfahren werden verwendet, um die Zusammenhänge zwischen den Variablen zu überprüfen. In diesen Fällen ist eine Vorstellung über Zusammenhänge von Variablen aufgrund von sachlogischen oder theoretischen Überlegungen vorhanden und diese soll mithilfe solcher Verfahren überprüft werden. In diesem Bereich werden beispielsweise die Varianzanalyse, Regressionsanalyse oder Diskriminanzanalyse verwendet.

Die Einteilung stellt nur den primären Einsatzbereich der Verfahren dar. Es ist ebenso möglich, dass ein Struktur-endeckendes Verfahren zur Überprüfung von Zusammenhängen verwendet wird. Wichtig ist jedoch zu beachten, dass statistisch bedingte Zusammenhänge nicht zwingend auch einen kausalen Zusammenhang bedingen. Es ist daher empfehlenswert zu Beginn der Analyse die Fragestellung zu beantworten, ob Wissen über die Zusammenhänge vorhanden ist und das dementsprechende Verfahren anzuwenden.

3.4.1 Klassifikation

Die Klassifikation ist ein Anwendungsgebiet der Diskriminanzanalyse und wird zur Untersuchung von Unterschieden zwischen Gruppen verwendet. Es zählt zu den überwachten Lernverfahren, welches anhand von Trainingsdaten ein Klassifikationsmodell konstruiert. Dieses Modell wird anschließend zur Vorhersage der Klassenzugehörigkeit von unbekannten Objekten genutzt.

Bei der Definition der Klassen ist es wichtig zu beachten, dass unter Berücksichtigung des verfügbaren Datenmaterials die Anzahl der Klassen nicht zu
groß gewählt wird, da sonst die Analyse sehr aufwendig wird und die Fallzahlen innerhalb der einzelnen Klassen zu gering sind. Um dies zu vermeiden, kann es sinnvoll sein, mehrere Klassen zusammenzufassen. Runkler
beschreibt die Klassifikation auf folgende Weise [56]:

Die Merkmalsdaten von Objekten werden durch Gleichung 3.1 beschrieben.
Diese werden c Klassen zugeordnet.

$$X = \{x_1, \ldots, x_n\} \in \mathbb{R}^p \qquad \text{Gl. 3.1}$$

Die Klassenzuordnung eines Merkmalsdatensatzes erfolgt durch einen Klas-
senvektor $y \in \{1, \ldots, c\}$ und bildet zusammen mit den Merkmalsdaten einen,
in Gleichung 3.2 beschriebenen, markierten Merksmalsdatensatz.

$$Z = \{(x_1, y_1), \ldots, (x_n, y_n)\} \in \mathbb{R}^p \times \{1, \ldots, c\} \qquad \text{Gl. 3.2}$$

Unter der Annahme, dass die Merkmalsvektoren und die Klassen in einem
systematischen Zusammenhang stehen und die Objekte für die Klassen re-
presentativ sind, können diese markierten Merkmalsdatensätze zur Bestimmung von generalisierten Klassenmodellen verwendet werden. Die Klassifikation neuer Objekte erfolgt durch den Vergleich der Merkmalsvektoren mit
den einzelnen Klassenmodellen. Die so erstellte Klassifikationsfunk-
tion $f: \mathbb{R}^p \rightarrow \{1, \ldots, c\}$ liefert für einen gegebenen Merkmalsvektor x die
Klasse $y = f(x)$. Die Anwendung dieser Funktion wird Klassifikation ge-
nannt. Die verfügbaren Daten werden in einen Trainings- und einen Validierungsdatensatz geteilt. Mit dem Trainingsdatensatz wird der Klassifikator
bestimmt und mit dem Validierungsdatensatz überprüft. Der Klassifikator ist
gut trainiert, wenn die Klassifikationsgüte der Validierungsdaten hoch ist.
Um die Güte des Klassifikators zu bewerten gibt es vier Kriterien:

- richtig positiv (TP engl. true positive, beispielsweise ein kranker Patient wird als krank klassifiziert)

- richtig negativ (TN engl. true negative, beispielsweise ein gesunder Patient wird als gesund klassifiziert)

- falsch positiv (FP engl. false positive, beispielsweise ein gesunder Patient wird als krank klassifiziert)

- falsch negativ (FN engl. false negative, beispielsweise ein kranker Patient wird als gesund klassifiziert)

Die Richtig-Positiv-Rate (TPR) beschreibt das Verhältnis von richtig positiven Klassifizierungen zu der Summe aus richtig postitiven und falsch negativen Objekten. Die Falsch-Positiv-Rate (FPR) gibt das Verhältnis von den falsch positiv klassifizierten Objekten zur Summe aus falsch positiven und richtig negativen Objekten an. Um eine aussagekräftige Bewertung eines Klassifikators zu erhalten, reicht es nicht aus nur eines dieser Kriterien zu betrachten. Bei einer solch einseitigen Bewertung kann es vorkommen, dass ein Klassifikator sowohl in der Richtig-Positiv-Rate sehr gut, gleichzeitig jedoch in der Falsch-Positiv-Rate sehr schlecht ist. Daher empfiehlt Runkler zur Bewertung mindestens zwei Kriterien zu betrachten. Eine Möglichkeit ist die Verwendung des ROC-Diagramms (engl. Receiver Operating Characteristic) bzw. der Grenzwertoptimierungskurve. Dabei handelt es sich um ein Streudiagramm von TPR und FPR. In

Abbildung **3.2** ist auf der linken Seite ein beispielhaftes ROC-Diagramm dargestellt, dabei ist die Güte eines Klassifikators mit bestimmten Parametern bezüglich eines bestimmten Datensatzes ein Punkt im ROC-Diagramm. Ein idealer Klassifikator zeigt einen rechtwinkligen Kurvenverlauf im Diagramm, d.h. TPR beträgt 100 % bzw. 1 und FPR beträgt 0 % bzw. 0. Dementsprechend sollte ein guter Klassifikator möglichst nahe an dem rechtwinkligen Kurvenverlauf sein. Wenn die Kurve entlang der gestrichelten Diagonalen verläuft, bedeutet dies, die TPR ist gleich der FPR und damit entspricht die Güte des Klassifikators der Güte eines Zufallsprozesses. Liefert der Klassifikator immer ein schlechtes Ergebnis, liegt TPR bei 0 % und FPR bei 100 %.

Eine weitere Bewertungsmöglichkeit für Klassifikatoren ist das PR-Diagramm (engl. Precision Recall) bzw. Genauigkeits-Trefferquote-Diagramm. Die Genauigkeit des positiven Vorhersagewertes ist definiert durch das Verhältnis von TP zur Gesamtzahl an positiv klassifizierten Objekten P = TP + FP. Dieses ist in

Abbildung **3.2** auf der rechten Seite dargestellt. Hier ist die Genauigkeit des positiven Vorhersagewertes TP/P gegenüber der Trefferquote TPR aufgetragen. Je kleiner die Trefferquote gewählt wird, umso einfacher ist es einen Klassifikator zu finden, der eine hohe Genauigkeit hat. Ein guter Klassifikator hat auch bei steigender Trefferquote noch eine hohe Genauigkeit. Der Schnittpunkt der PR-Kurve mit der gestrichelten Diagonalen ist der Genauigkeit-Trefferquote-Grenzwert. Dieser ist bei einem guten Klassifikator möglichst hoch.

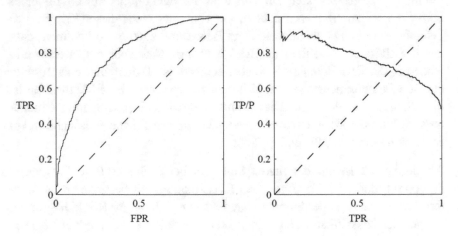

Abbildung 3.2:   Beispielhaftes ROC- und RC-Diagramm aus [56]

3.4.2   Clustering

Das Clustering gehört, wie in Abschnitt 3.4 beschrieben, zu den Strukturentdeckenden Verfahren. Demzufolge sind zu Beginn die Gruppen unbekannt und werden erst durch eine Clusteranalyse bestimmt. Dabei ist das Ziel die Gruppen so zu identifizieren, dass die Objekte innerhalb der Gruppen eine große Ähnlichkeit zueinander haben und gleichzeitig zu den anderen Gruppen so gering wie möglich. Die Clusteranalyse kann mit verschiedenen Verfahren durchgeführt werden, welche anhand zweier Aspekte unterschieden werden können [55]:

■ Wahl des Proximitätsmaßes
Hierbei handelt es sich um ein statistisches Maß, mit welchem die Distanzmaße zwischen den Objekten gemessen werden.

■ Wahl des Gruppierungsverfahrens
Es gibt unterschiedliche Fusionsalgorithmen zur Zusammenfassung von ähnlichen Objekten und unterschiedliche Partitionierungsalgorithmen zur Zerlegung von unähnlichen Objekten in verschiedene Gruppen.

Die Clusterverfahren lassen sich je nach verwendetem Fusionsprozess in graphentheoretische, hierarchische, partitionierende und optimierende Verfahren aufteilen. Abbildung 3.3 gibt einen Überblick über diese vier Clusterverfahren. Im Folgenden werden die beiden bedeutensten, das hierarchische und das partitionierende Verfahren, näher vorgestellt.

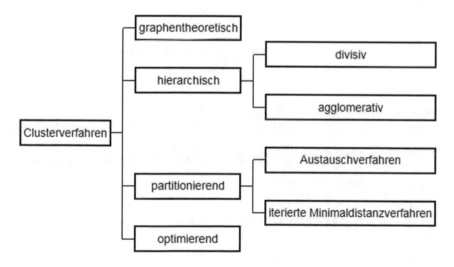

Abbildung 3.3: Überblick über Cluster-Algorithmen nach [55]

■   Hierarchische Verfahren

Bei diesem Verfahren können entweder agglomerative oder divisive Algorithmen verwendet werden. Bei den agglomerativen Verfahren wird von der feinsten Partitionierung ausgegangen, d.h. jedes Objekt wird einer eigenen Gruppe zugeordnet. Im Gegensatz dazu wird beim divisiven Verfahren die gröbste Partitionierung als Ausgangspunkt angenommen, d.h. alle Objekte befinden sich in einer Gruppe.

■   Partitionierende Verfahren

Diese Verfahren beginnen die Analyse mit einer gegebenen Start-Gruppierung mit einer definierten Anzahl an Clustern. Anschließend werden die Objekte zwischen den Gruppen solange umgeordnet, bis eine gegebene Zielfunktion ihr Optimum erreicht. Dabei kann entweder ein Austauschverfahren oder ein iterierendes Minimaldistanzverfahren zur Verlagerung der Objekte angewendet werden.

Runker beschreibt das Streudiagramm eines beispielhaften Datensatzes in Gleichung 3.3. [56].

$$X = \{(2,2), (3,2)(4,3), (6,7), (7,8), (8,8), (5,5)\}$$ Gl. 3.3

Dieser Datensatz ist in Abbildung 3.4 auf der linken Seite dargestellt. Der Datensatz wird durch die Clusterstruktur in zwei paarweise disjunkte Teilmengen $C_1 = \{x_1, x_2, x_3\}$ und $C_2 = \{x_4, x_5, x_6\}$ aufgeteilt. Die Grenzen der Cluster sind auf der rechten Seite der Abbildung 3.4 durch die gestrichelten Kreise gekennzeichnet. Allgemein ist die Zerlegung eines Datensatzes $X = \{x_1, ..., x_n\} \in \mathbb{R}^p$ in eine Clusterstruktur definiert als Partition in $c \in \{2, 3, ..., n-1\}$ paarweise disjunkte Teilmengen $C_1, ..., C_c$ [56].

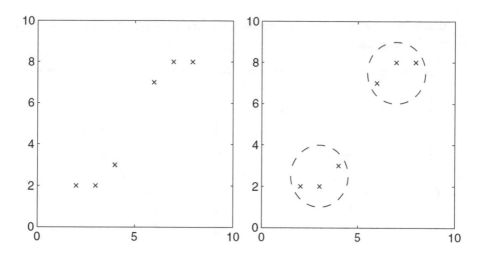

Abbildung 3.4: Streudiagramm eines Datensatzes und seine Clusterstruktur aus [56]

Dabei gelten für die Cluster folgende Randbedingungen:

$$X = C_1 \cup \ldots \cup C_c$$

Gl. 3.4

$$C_i \neq \{\} \quad \text{für alle } i = 1, \ldots, c$$

Gl. 3.5

$$C_i \cap C_j = \{\} \quad \text{für alle } i, j = 1, \ldots, c, i \neq j$$

Gl. 3.6

Werden die Cluster mit partitionierenden Verfahren gebildet, können die Abstände zwischen den Clustern mit unterschiedlichen Methoden berechnet werden. Zum Beispiel kann der Minimalabstand zwischen den nächsten Punkten zweier Cluster, der Maximalabstand der entferntesten Punkte des gleichen Clusters oder der mittlere Abstand ermittelt werden. In Abbildung 3.5 sind die Abstände zwischen den Clustern am gleichen Beispieldatensatz dargestellt. Im linken Diagramm sind der Minimalabstand und der Maximalabstand zweier Punktepaare eines Clusters zu sehen. Auf der rechten Seite sind alle Abstände, die zur Berechnung des mittleren Abstandes benötigt werden, dargestellt.

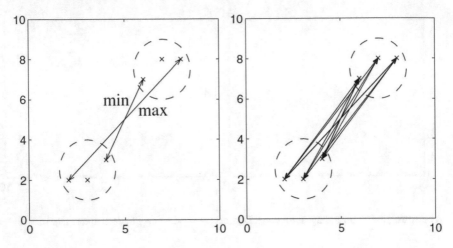

Abbildung 3.5:   Abstände zwischen den Clustern aus [56]. Links: Minimalabstand bzw. Maximalabstand. Rechts: Abstände zur Berechnung der Mittelwerte

3.4.3   Klassifikation versus Clustering

Für die Entwicklung einer Methode, welche die Analyse von Fehlerspeicher-einträgen unterstützt bzw. erleichtert, ist es, wie bereits in Abschnitt 2.3.2 beschrieben, wichtig die Ursachen der Fehlerspeichereinträge kategorisieren zu können. Damit wird es möglich zwischen Fehlern, die vermehrt oder aus-schließlich in der Entwicklungsphase auftreten, und freigaberelevanten Feh-lern zu unterscheiden.

Auf Basis der Fehlerlisten können die Fehlereinträge nach ihrer Ursache kategorisiert werden. Hierbei werden Ursachenkategorien, sofern sinnvoll möglich, zusammengefasst. Das bedeutet, dass bereits zu Beginn der Analyse eine Kategorisierung bzw. Klassen bekannt sind. Aufgrund dieser Randbe-dingung fällt die Wahl für die Aufgabe der Fehlerspeicherdatenanalyse in der Entwicklung auf ein Struktur-prüfendes Verfahren.

Mit einem Struktur-entdeckenden Verfahren wie beispielsweise der Clusteranalyse werden die Klassen erst durch die Anwendung gebildet. Rückschlüsse aus der Clusterbildung sind aufgrund des Algorithmus nicht möglich, d.h.
es gibt keine Information, warum diese gebildet wurden bzw. was diese aus-
zeichnet oder charakterisiert. Somit ist es nicht möglich den Clustern spezielle Kategorien zuzuordnen. Zudem ist es zwar möglich für einen neuen ungelösten Fehlerfall eine Zuordnung zu einem Cluster durchzuführen, aber es
kann keine Aussage über die Ursachenkategorie getroffen werden.

Durch die Verwendung der Klassifikation als Analyseverfahren ist die Angabe der möglichen Kategorien und somit auch der Ursachen mit ihren jeweiligen Wahrscheinlichkeiten möglich. In den folgenden Unterkapiteln werden beispielhaft einige Klassifikatoren vorgestellt und bezüglich ihrer Eignung zur Lösung der Aufgabenstellung untersucht.

3.4.4 Der Entscheidungsbaum

Entscheidungsbäume bestehen aus einem Satz an einfachen formalen Regeln,
welche durch strukturierte und gerichtete Bäume dargestellt werden. Diese
bestehen aus einem Wurzelknoten und beliebig vielen inneren Knoten mit
mindestens zwei Blättern. Jeder Knoten steht für eine logische Regel und
jedes Blatt ist eine Antwort auf das Entscheidungsproblem. Dabei gibt es
keine Einschränkung bezüglich der Komplexität und der Semantik der Regeln.

Abbildung 3.6 zeigt ein Beispiel zweier möglicher Entscheidungsbäume zur
Klassifizierung verschiedener Spezies [56]. Der Klassifikator enthält den
zweidimensionalen Merkmalsvektor $x = (b, h)$ eines Lebewesens. Die Anzahl der Beine wird durch $b \in \{0,2,4\}$ beschrieben und Körpergröße in Me-
tern mit h, wobei die Bedingung $h > 0$ gilt. In diesem Beispiel werden die
Klassen Fisch, Vogel, Mensch, Katze und Pferd betrachtet. Der obere Entscheidungsbaum betrachtet dabei zuerst das Merkmal b, also die Anzahl der
Beine.

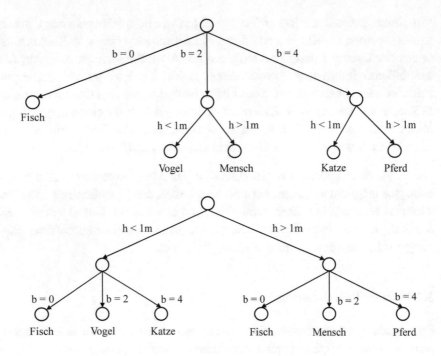

Abbildung 3.6:   Zwei funktional äquivalente Entscheidungsbäume aus [56]

Dieses Merkmal liefert drei mögliche Knoten. Bei $b = 0$ reduziert sich die Klassifikation, das Merkmal h ist nicht mehr entscheidend, da hier nur die Klassifikation Fisch zutreffen kann. Für $b = 2$ und $b = 4$ sind je nachdem, ob h größer oder kleiner als 1 Meter ist, zwei Blätter bzw. Klassen möglich. In diesem Entscheidungsbaum hat das Merkmal b einen Informationsgewinn geliefert. Im unteren Entscheidungsbaum wird zuerst das Merkmal h betrachtet, dieses liefert in diesem Fall auch den Informationsgewinn. Der weitere Klassifikationsprozess wird dadurch auf zwei Knoten reduziert. Diese haben dann wiederum drei Blätter, statt im vorherigen Baum zwei Blätter. Der Entscheidungsbaum mit dem Merkmal b liefert einen größeren Informationsgewinn als das Merkmal h, da die Anzahl der Beine als diskrete Werte angegeben sind.

Das Beispiel in Abbildung 3.6 zeigt den Einfluss der Klassendefinition auf das Einsatzgebiet des Entscheidungsbaumes. Je genereller dieses einsetzbar sein soll, umso allgemeiner müssen die Klassen definiert werden. Soll mit diesem Entscheidungsbaum beispielsweise eine Schlange klassifiziert werden, ist das mit den Bäumen aus dem Beispiel nicht möglich, da in beiden die Schlange als Fisch klassifiziert werden würde. Je mehr Merkmale verwendet werden, desto komplexer wird der Entscheidungsbaum und umso schwieriger ist es den Überblick über das Regelgerüst zu behalten.

3.4.5 Support Vector Machine

Die Support Vector Machine, kurz SVM, ist ein überwachtes statistisches Verfahren, das die Klassifizierung mit Hilfe der Berechnung von Trennflächen realisiert. Dieses Verfahren wurde von Vapnik und Chervonenkis 1974 zur Erkennung von Mustern entwickelt [57]. Den einfachsten Fall stellt die Trennung eines Musters in zwei Klassen dar. Die Klassen sind zu Beginn bereits bekannt. Sind die Objekte, die das Muster ergeben, in zwei Dimensionen darstellbar und klar separierbar, kann die Aufteilung durch eine lineare SVM erfolgen [58]. Dabei werden die Klassen durch eine Hyperebene voneinander getrennt. Abbildung 3.7 zeigt die trennende Hyperebene und die Objekte, welche direkt auf dem Rand des gestrichelten Trennbereichs sitzen. Diese Objekte haben den kleinsten Abstand zur Hyperebene und werden die Support-Vectoren oder auch Stützvektoren genannt. Der Abstand der Hyperebene zu den nächsten Support-Vectoren wird als Margin bezeichnet. Die Hyperebene muss also so zwischen die Support-Vectoren gelegt werden, dass der Margin maximiert wird. Daher wird dieses Verfahren auch als *large-margin-classification* bezeichnet. Mit diesem ist sichergestellt, dass neue Objekte möglichst zuverlässig den definierten Klassen zugeordnet werden können.

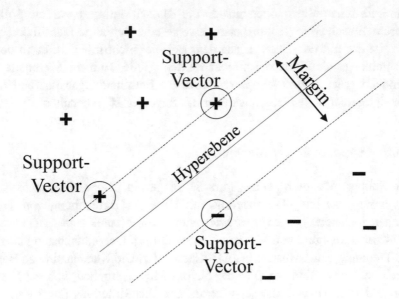

Abbildung 3.7:   Prinzip der Support Vector Machine

Die Abbildung 3.8 stellt ein Beispiel von Heinert dar, in welchem die Objekte nicht linear trennbar sind [59]. Die Aussgangslage wird in Abbildung 3.8 a
dargestellt. Die Objekte können nicht linear getrennt werden. Daher wird hier
der sogenannte Kernel-Trick angewendet, welcher auf den Satz von Mercer
aus dem Jahr 1909 zurückzuführen ist [60]. Mit dieser Methode ist es möglich einen nicht linear separierbaren Datensatz aus einem p-dimensionalen
Raum $X = \{x_1, ..., x_n\} \in \mathbb{R}^p$ durch eine Transformation in einen höher-
dimensionalen Raum q auf einen Datensatz $X' = \{x'_1, ..., x'_n\} \in \mathbb{R}^q$ mit
$q > p$ abzubilden, welcher linear separierbar ist.

Dazu werden im Beispiel in Abbildung 3.8 b die Objekte auf einen dreidimensionalen Raum übertragen.

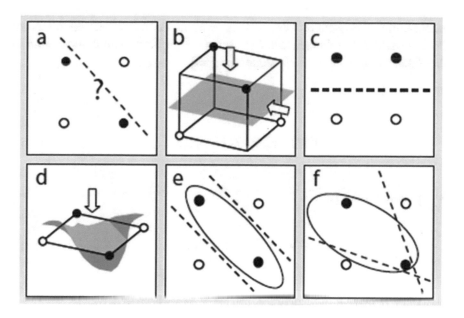

Abbildung 3.8: Beispiel einer Klassifikation mit der Anwendung des Kernel-Tricks a) Ausgangssituation im zweidimensionalen Raum, b)-c) Transformation in den dreidimensionalen Objektraum und Separierung in zwei Klassen, d)–f) Rücktransformation in den urspünglichen Objektraum und Darstellung der theoretischen (e) und praktischen Lösung (f) [59].

Hier ist bereits ersichtlich, dass nun eine Separierung in zwei Klassen möglich ist. Im Teilbild c ist die Separierung durch die Hyperebene dargestellt. Die Rücktransformation in den ursprünglichen zweidimensionalen Objektraum ist in Abbildung 3.8 d-f gezeigt. Nach dem Satz von Mercer gibt es für jeden Datensatz X und jede Kernelfunktion $K: \mathbb{R}^p \times \mathbb{R}^q \to \mathbb{R}$ eine Abbildung $\varphi: \mathbb{R}^p \to \mathbb{R}^q$ mit $q > p$, so dass gilt:

$$K(x_j, x_k) = \varphi(x_j) \cdot \varphi(x_k)^T$$

Gl. 3.7

Die Anwendung des Kernel-Tricks besteht darin, die Transformation auf den Datensatz X' nicht explizit durchzuführen, sondern die Skalarprodukte in X' durch die Kernelfunktion in X zu ersetzen. Dazu können verschiedene Kernelfunktionen verwendet werden, welche sich durch das verwendete Ähnlichkeitsmaß unterscheiden [58, 61]. Beispiele für Kernel-Funktionen sind in den Gleichungen 3.8 bis 3.10. aufgeführt [56].

■ linearer Kernel

$$K(x_j, x_k) = x_j \cdot x_k^T$$

Gl. 3.8

■ polynomieller Kernel

$$K(x_j, x_k) = (x_j \cdot x_k^T)^d, \quad d \in \{2,3, \dots\}$$

Gl. 3.9

■ radialer Basisfunktionskernel

$$K(x_j, x_k) = f(\| x_j - x_k \|)$$

Gl. 3.10

Trainingsbeispiele sind meist nicht streng linear trennbar, da beispielsweise Ausreißer in den Messdaten vorhanden sind oder die Objekte sich schlichtweg überlappen. Es wird daher erlaubt einige falsche Klassifizierungen zu machen. Dazu wird für jede Klassifizierungsverletzung eine positive Schlupfvariable eingeführt. Diese Variablen fungieren als Fehlerterm und sollten immer minimiert werden. Je nach Wertebereich der Schlupfvariablen werden damit unterschiedliche Fehlklassifikationen beschrieben:

■ $0 < \xi_i \leq 1$: Das Trainingsobjekt ist innerhalb des Margins auf der richtigen Klassenseite

■ $1 < \xi_i \leq 2$: Das Trainingsobjekt ist innerhalb des Margins auf der falschen Klassenseite

■ $\xi_i > 2$: Das Trainingsobjekt ist außerhalb des Margins in einer falschen Klasse

Diese unterschiedlichen Fehlklassifikationen sind in Abbildung 3.9 dargestellt.

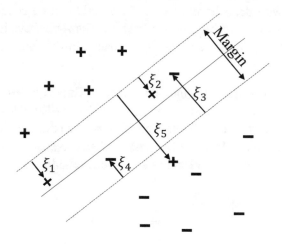

Abbildung 3.9: Überlappende Daten mit möglichen Schlupfvariablen zur Fehlklassifikation

Es gibt zwei überlappende Klassen, welche durch die Plus- und Minus-
Symbole repräsentiert werden. Die Symbole mit den Schlupfvariablen ξ_1, ξ_2
und ξ_4 sind auf der richtigen Klassifikationsseite, der Wertebereich für den
Fehlerterm ist daher gering und liegt zwischen 0 und 1. Das Minus-Symbol
mit der Schlupfvariablen ξ_3 liegt innerhalb des Margins, aber auf der falschen Klassenseite, dies stellt bereits eine Fehlklassifikation dar. Der Wertebereich ist dementsprechend zwischen 1 und 2. Sowohl außerhalb des Margins als auch auf der falschen Klassenseite liegt das Plus-Symbol mit ξ_5. Ein
solcher Fall stellt einen großen Ausreißer dar, welcher die Klassifikation
stark beeinflusst. Daher ist ein Fehlerterm zur Bestrafung mit einem Wert der
Schlupfvariablen größer als 2 notwendig.

3.4.6   k-Nearest-Neighbor

Mit dem Nearest-Neighbor-Verfahren wird ein Objekt zur Klasse des Trai-
ningsobjekts, welches ihr nächster Nachbar ist, zugeordnet. Dazu wird die

Ähnlichkeit zwischen dem Merkmalsvektor des neuen Objekts und den Merkmalsvektoren der Trainingsobjekte bestimmt. Zur Bestimmung der Ähnlichkeit wird der Abstand der Merkmalsvektoren berechnet. Dabei können nach Runkler verschiedene Abstandsmetriken wie beispielsweise euklidischer Abstand, Manhatten-Metrik, Mahalanobis-Abstand etc. verwendet werden [56].

Wenn die Daten verrauscht sind oder sich die Klassen teilweise überlappen, ist es sinnvoller die k-nächsten Nachbarn (k-Nearest-Neighbor) zur Klassifikation zu verwenden. Bei diesem Verfahren werden zusätzlich zu den nächsten Nachbarn auch die $k \in \{2, \ldots, n\}$ nächsten Nachbarn betrachtet. Die Abbildung 3.10 veranschaulicht das k-Nearest-Neighbor-Verfahren.

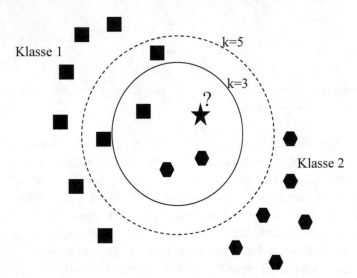

Abbildung 3.10: Beispielhafte Klassifikation nach dem k-Nearest-Neighbor-Verfahren

Es sind zwei unterschiedliche Trainingsklassen dargestellt, die Rechtecke gehören der Klasse 1 an und die Sechsecke der Klasse 2. Der Stern ist das neue Objekt, welches entweder der Klasse 1 oder der Klasse 2 zugeordnet werden soll. Bei der Betrachtung von $k = 3$ Nachbarn wird der Stern der sechseckigen Klasse 2 zugeordnet, da von den drei nächsten Nachbarn mehr sechseckige als quadratische Trainingsobjekte vorhanden sind. Wird dagegen

$k = 5$ gewählt, so wird der Stern der quadratischen Klasse 1 zugeordnet, da mehr quadratische als sechseckige Trainingsobjekte die nächsten Nachbarn darstellen.

Um eine eindeutige Klassenzuordnung sicherzustellen muss ein ungerades k gewählt werden. Innerhalb der Trainingsphase werden lediglich die Daten gespeichert und erst bei der Anwendung des Klassfikators eine Auswertung durchgeführt. Daher werden solche Verfahren Lazy Learning (faules Lernen) genannt [62]. Sind die Trainingsdaten nicht gleichverteilt oder sind einige Merkmale wichtiger als andere, empfiehlt Ertel mit gewichteten Abständen zu klassifizieren [63]. Wird $k = 1$ gewählt, kann mit einem Voronoi-Diagramm gearbeitet werden. Die Abbildung 3.11 zeigt ein Beispiel von Ertel, in welchem das Voronoi-Diagramm genutzt wird, um die Trennlinie zwischen den zwei Klassen zu erzeugen.

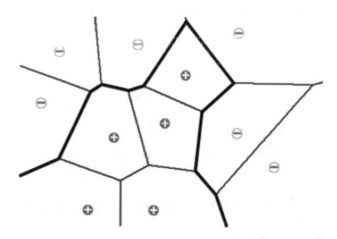

Abbildung 3.11: Trainingspunktmenge mit Voronoi-Diagramm und daraus erzeugte Linie zur Trennung der beiden Klassen M_+ und M_-.[63]

Auf der linken Seite wird um jeden Trainingsdatenpunkt ein komplexes Polygon gelegt, welches den Raum in Gebiete zerlegt. Die Trainingsdatenpunkte sind die Zentren der Gebiete. Die Grenzen der Gebiete werden aus den Punkten gebildet, die mehr als ein nächstgelegenes Zentrum haben. Soll nun ein neuer Punkt klassifiziert werden, wird die Klassenzugehörigkeit seines nächsten Nachbarn übernommen. Diesen zu bestimmen ist einfach, es ist derjenige Trainingsdatenpunkt der im selben Gebiet liegt wie der neue Punkt. Damit können mit dem Nearest-Neighbor-Verfahren auch sehr komplexe Hyperebenen bestimmt werden. Der Nachteil dieses Verfahrens besteht in der Sensitivität gegenüber Ausreißern. So kann bereits ein einziger Ausreißer sehr schlechte Klassifikationsergebnisse zur Folge haben. Ein weiteres Beispiel von Ertel veranschaulicht diesen Fall.

In der Abbildung 3.12 ist eine Klasse mit positven Punkten und eine mit negativen Punkten dargestellt. Unter den negativen Punkten befindet sich ein positiver Punkt, ein Ausreißer. Wird nun der schwarze Punkt nach dem Nearest-Neighbor-Verfahren klassifiziert, erfolgt eine falsche Zuordnung zur Klasse der positiven Punkte statt richtigerweise zur Klasse der negativen Punkte. Fehlklassifikationen können durch Ausreißer entstehen, weil der Klassifikator zu sehr an die Trainingsdaten angepasst wurde. Man spricht in solchen Fällen von Überanpassung bzw. overfitting. Um das zu vermeiden sollte das k-Nearest-Neighbor-Verfahren (mit $k > 1$) verwendet werden um damit die Trennflächen zu glätten.

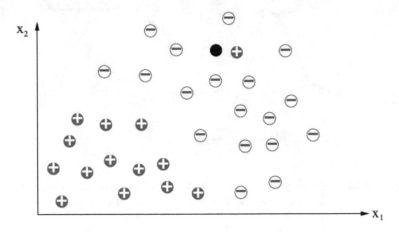

Abbildung 3.12: Beispiel einer falschen Klassifikation durch das Nearest-Neighbor-Verfahren [63].

3.5 Wahl des geeigneten Klassifzierungsverfahrens

Zur Bewertung der vorgestellten Klassifizierungsverfahren sind in Tabelle 3.3 das jeweilige Verfahren, dessen Funktionsprinzip sowie die Vor- und Nachteile zusammengefasst worden. Bei den Entscheidungsbäumen müssen nicht alle Merkmale für die Klassifikation verwendet werden. Dazu muss jedoch im Vorfeld der Informationsgewinn über die ganze Datenmenge bestimmt werden. Der größte Nachteil von Entscheidungsbäumen ist, dass sie nur diskrete Merkmale verwenden können und nicht für kontinuiertliche Merkmale geeignet sind. Sie können somit keine klaren Klassengrenzen bei komplexen nichtlinearen Separierungsproblemen liefern. Daher sind sie für viele reale Klassifizierungsaufgaben nicht anwendbar.

Die Support-Vector-Machine zeichnet sich dadurch aus, dass sie mit einer hohen Präzision auch nichtlinare Klassengrenzen abbilden kann. Dazu bedient sie sich des in 3.4.5 beschriebenen Kernel Tricks. Damit eignet sich dieses Verfahren gut für reale Klassifizierungsaufgaben mit vielen Merkmalen. Die Nachteile sind der relativ hohe Rechenaufwand zur Bestimmung des Klassifikators bei sehr großen Optimierungsproblemen und die empirische Suche der geeigneten Kernelfunktion.

k-Nearest-Neighbor ist ein einfaches Klassifikationsverfahren, das schnell trainiert werden kann. Dies liegt daran, dass beim Training die Daten nur abgespeichert werden. Außerdem kann der Klassifikator bei zusätzlichen Trainingsdaten leicht erweitert werden. Mit diesem Verfahren können, genauso wie mit der Support-Vector-Machine, nichtlineare Klassengrenzen abgebildet werden. Der k-Nearest-Neighbor Klassifikator wurde bereits zur Fehlerdiagnose bei verschiedenen Anwendungen eingesetzt. So haben Qin et al. den k-Nearest-Neighbor Algorithmus verwendet um Fehlerproben von Solaranlagen zu klassifizieren [64].

Tabelle 3.3:   Übersicht der betrachteten Klassifizierungsverfahren

Verfahren	Prinzip	Vorteile	Nachteile
Entscheidungs-bäume	Baumstruktur mit formalen Regeln	Merkmalsselektion möglich	nur für diskrete Werte geeignet nichtlineare komplexe Klassengrenzen nicht gut abbildbar
Support-Vector Machine	Separierung durch Hyperebene	hohe Präzision nichtlineare Klassengrenzen abbildbar gute Anwendbarkeit auf reale Probleme mit vielen Merkmalen	hoher Rechenaufwand bei sehr großem Optimierungsproblem geeignete Kernelfunktion muss empirisch gesucht werden
k-Nearest-Neighbor	Identifizierung des nächsten bzw. der k-nächsten Nachbarn	kein Lernaufwand in Trainingsphase nichtlineare Klassengrenzen abbildbar leichte Erweiter-barkeit	Klassifikator benötigt alle Trainingsdaten hoher Rechenaufwand bei großer Trainings-datenmenge

Ranjit et al. entwickelten eine Methode zur Verbesserung der Fehlererken-nung während des Herstellungsprozesses von Halbleitern in einer Gießerei und verwendeten dazu den k-Nearest-Neighbor Klassifikator in Verbindung mit Expertenwissen [65]. Ein Nachteil dieses Klassifikators ist allerdings, dass die Rechenleistung bei der Anwendung mit großen Trainingsdaten-mengen relativ hoch ist, da die Ähnlichkeiten mit allen Trainingsvektoren berechnet werden müssen.

Sankavaram et al. haben in ihren Arbeiten Klassifizierer wie Support-Vector-Machine und k-Nearest-Neigbhor angewandt, um damit die Fehlerdiagnose in Fahrzeugsystemen darzustellen [2, 66]. Dazu hat Sankavaram Klassi-fikatoren trainiert, welche Fehlerzustände in einem Satz von verschiedenen Signalwerten identifizieren können und diese konkreten Fehlercodes zuordnen. Diese Klassifikatoren können für die steuergeräteinterne Diagnose verwendet werden.

Ausgehend von dieser Bewertung der Klassifikationsverfahren kommen für die Ähnlichkeitsanalyse der Fehlerumgebungsdaten der in Kapitel 3.3 beschriebenen Fehlerspeichereinträge die Support-Vector-Machine und der k-Nearest-Neighbor in Frage. Der Entscheidungsbaum scheidet aus, da die Umgebungsdaten zum größten Teil aus kontinuierlichen Daten bestehen. Außerdem ist bei dem betrachteten Datensatz aufgrund der unterschiedlichen Labeleinheiten und –dimensionen von nichtlinearen Klassengrenzen auszugehen.

3.5.1 Trainieren des Klassifikators

Um einen Klassifikator zu trainieren, muss aus den Merkmalsvektoren und dem Klassifizierungsvektor der bekannten Objekte eine Matrix erzeugt werden. Für das Beispiel aus Abbildung 3.10 sind die Merkmalsvektoren die x- und die y-Achsenkoordinaten der Rechtecke und Sechsecke. Der Klassifizierungsvektor enthält die zugehörige Information über die Zugehörigkeit zu Klasse 1 oder Klasse 2. Das ergibt eine 3×17 Matrix, welche insgesamt 17 bekannte Objekte enthält. Für das Training der Klassifikatoren muss aus den klassifizierten Fehlerspeichereinträgen (DTC) ebenfalls eine $n \times m$ Matrix erzeugt werden. Da der Klassifikator anhand der Umgebungsdatensätze der Fehlerspeichereinträge trainiert werden soll, werden die m Spalten aus der Kategorie des jeweiligen DTC und ihren verschiedenen Umgebungsdatenlabels gebildet. Die n Zeilen repräsentieren einen Fehlerfall eines kategorisierten DTC mit seinen Umgebungsdatenwerten von x_{UL1} bis x_{ULn}. Die Spalte der DTC gehört nicht zur Trainingmatrix. Diese ist in Abbildung 3.13 auf der linken Seite dargestellt. Die DTC haben, wie unter 3.1.2 beschrieben, unterschiedliche Sätze an Umgebungsdatenlabels UL_n, sogenannte Fehlerumgebungsklassen. Diese Labels sind zum Teil allgemeine Größen wie beispielsweise die Fahrzeuggeschwindigkeit, die Umgebungstemperatur oder die Motordrehzahl, die bei vielen DTC vorhanden sind. Zum Teil sind es auch Umgebungsdatenlabel, die DTC-spezifisch sind und Informationen liefern, die von den Entwicklern zur Fehleranalyse genutzt werden.

DTC	Kategorie	Trainingsmatrix			
		UL_1	UL_2	UL_3	UL_n
DTC_1	1	x_{UL1}	x_{UL2}	x_{UL3}	x_{ULn}
DTC_2	5	0	0	y_{UL3}	0
DTC_1	3	z_{UL1}	z_{UL2}	z_{UL3}	z_{ULn}
DTC_4	3	0	p_{UL2}	0	p_{ULn}
DTC_{25}	7	r_{UL1}	0	0	0
...	...	...	...	...	...

Abbildung 3.13: Darstellung des Zusammenhangs zwischen DTC und den Zeilen der Trainingsmatrix

Ist ein Umgebungsdatenwert bei einem DTC in der Trainingsmatrix nicht vorhanden, wird an diese Stelle eine Null eingetragen. Die Schnittmenge gleicher Umgebungsdatenlabels über den gesamten Trainingsdatensatz ist bei verschiedenen DTC gering. Damit ist die Matrix stellenweise sehr dünn besetzt. Die Eingangsparameter Anzahl der kategorisierten Fehlerfälle und Anzahl der Umgebungsdatenlabels bestimmen die Dimension der Matrix. Wie viele Labels in der Trainingsmatrix enthalten sind, ist abhängig davon, wieviele DTC mit verschiedenen Fehlerumgebungsklassen für das Training zur Verfügung stehen. Die Anzahl der Umgebungsdatenlabels steigt an, je mehr unterschiedliche DTC im Trainingsdatensatz enthalten sind. Zu Beginn der Fahrzeugentwicklung ist die Anzahl an DTC und damit auch die Anzahl an unterschiedlichen Umgebungsdatenlabels gering. Mit fortschreitender Entwicklung steigen diese Zahlen an. Das bedeutet, dass beispielsweise in der frühen Entwicklungphase ein Training des Klassifikators für DTC nicht erfolgversprechend ist. Das Klassifikationsmodell wird anhand der Trainingsmatrix trainiert. Dabei ist die Spalte der Kategorien die Antwort (engl. Response) und die Merkmalsvektoren bzw. Umgebungsdatenlabels sind jeweils die Prädiktoren (engl. predictor).

Die Abbildung 3.14 veranschaulicht den Trainings- und Optimierungsprozess. Nachdem das automatisierte Trainieren durchgeführt worden ist, wird die Güte (engl. accuracy) des verwendeten Klassifikators untersucht.

Sind die Ergebnisse noch nicht zufriedenstellend, werden zur Optimierung die spezifischen Parameter des Klassifikators verändert.

Kategorie	Trainingsmatrix			
	UL_1	UL_2	UL_3	UL_n
1	x_{UL1}	x_{UL2}	x_{UL3}	x_{ULn}
5	0	0	y_{UL3}	0
3	z_{UL1}	z_{UL2}	z_{UL3}	z_{ULn}
3	0	p_{UL2}	0	p_{ULn}
7	r_{UL1}	0	0	0
...	...	...	...	...

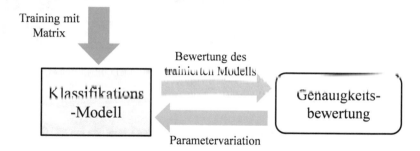

Abbildung 3.14: Trainings- und Optimierungprozess des Klassifikationsmodells

Mit den neuen Parametern wird nochmals trainiert und anschließend wieder bewertet. Sobald die Optimierung abgeschlossen wurde, kann der Klassifikator eingesetzt werden, um neue Fehlerfälle bzw. DTC zu kategorisieren. Dabei ist jedoch zu beachten, dass dazu der Umgebungsdatensatz des neuen DTC in der Trainingsmatrix enthalten sein muss. Unter Umständen muss die Trainingsmatrix neu generiert und der Klassifikator mit dieser wieder trainiert werden. Dies passiert, wenn der neue DTC Umgebungsdatenlabels hat, welche in der Matrix noch nicht vorhanden sind.

In der Abbildung 3.15 ist dieser Fall veranschaulicht. Der unkategorisierte neue Fehler DTC_{neu} hat sowohl Umgebungsdaten, welche in der Trainingsmatrix enthalten sind wie beispielsweise s_{UL2} und s_{UL3}, als auch neue wie beispielsweise UL_{n+1}. Es besteht nun die Möglichkeit, die zusätzlichen Umgebungsdatenlabels, welche in der ursprünglichen Trainingsmatrix noch nicht enthalten sind, abzuschneiden und für die Klassifizierung nicht zu berücksichtigen. Dieser Weg kann genutzt werden um eine Vorhersage über die Kategorie des neuen DTC zu machen.

Kategorie	UL_1	UL_2	UL_3	UL_n	UL_{n+1}
1	x_{UL1}	x_{UL2}	x_{UL3}	x_{ULn}	0
5	0	0	y_{UL3}	0	0
3	z_{UL1}	z_{UL2}	z_{UL3}	z_{ULn}	0
3	0	p_{UL2}	0	p_{ULn}	0
7	r_{UL1}	0	0	0	0
?	0	s_{UL2}	s_{UL3}	0	s_{ULn+1}

Trainingsmatrix

$$DTC_{neu}$$

Abbildung 3.15: Erweiterung der Trainingsmatrix aufgrund neuen DTC mit zusätzlichen Umgebungsdatenlabels

Die Kategorie ist anschließend durch den zuständigen Experten zu bestätigen. Danach kann dieser neu kategorisierte DTC samt all seiner Umgebungsdatenlabels als neuer Trainingsdatensatz zur Trainingsmatrix hinzugefügt werden. Der Klassifikator lernt auf diese Weise immer weiter und kann immer mehr unterschiedliche DTC kategorisieren.

3.5.2　Sensitivitätsbewertung des Klassifikators

In der Sensitivitätsbewertung wird das Verhalten des betrachteten Klassifikators bei Änderungen der Eingangsdaten und der Parameter des Klassifikators untersucht. Dabei wird der Einfluss der Änderungen in der Trainingsmatrix auf die Güte des Klassifikators bewertet. Ebenso haben die Parameter des Klassifikators, die sich je nach Verfahren unterscheiden, einen Einfluss auf die Güte des Klassifikators. Ziel ist es, die empfindlichen und unempfindlichen Modellparameter zu identifizieren sowie den optimalen Trainingsdatensatz zu finden, um einen Klassifikator mit hoher Güte zu erhalten.

Die prozentuale Güte der Klassifikatoren wird durch die Berechnung des Verhältnisses von richtig positiven Klassifizierungen zur Gesamtzahl der tatsächlich positiven Klassifizierungen ermittelt. Die Gleichung 3.7 zeigt die entsprechende Rechenvorschrift dazu. TP bezeichnet die Anzahl der richtig positiven Klassifizierungen und FN die Anzahl der falsch negativen Klassifizierungen. Um die Güte eines Klassifikators hinsichtlich der einzelnen Klassen zu visualisieren werden sogenannte Wahrheitsmatrizen (engl. confusion matrix) verwendet [67].

$$TPR = \frac{TP}{TP + FN} \qquad \text{Gl. 3.7}$$

In dieser Matrix stellen die Spalten die durch den Klassifikator vorhergesagten Klassen (predicted class) und die Reihen die tatsächlichen Klassen (true class) dar.

Die Abbildung 3.16 zeigt ein Beispiel einer Wahrheitsmatrix für die Klassifizierung eines Testdatensatzes aus verschiedenen Fehlerspeichereinträgen. Diese wurden in die vier Beispiel-Kategorien unterteilt. In den einzelnen Feldern wird angegeben, wieviele DTC der korrekten Klasse (grüne Felder) zugeordnet und wieviele der falschen Klasse (rote, schraffierte Felder) zugeordnet wurden. Die Diagonalen dieser Matrix sind die Fälle, in welchen die vorhergesagte Klasse mit der tatsächlichen Klasse übereinstimmt. Haben alle diagonalen Felder hohe Zahlenwerte, funktioniert der Klassifikator gut.

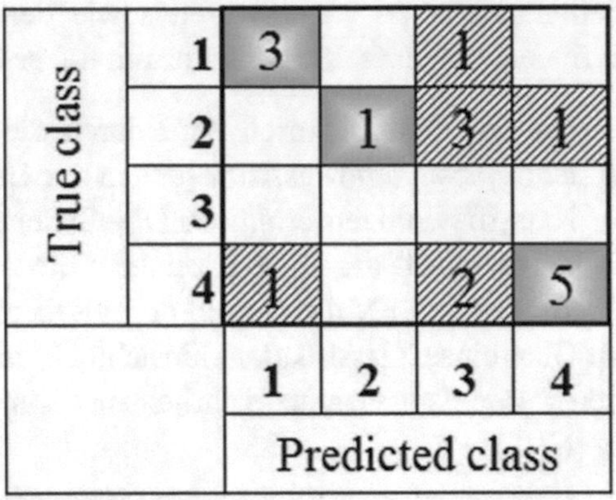

Abbildung 3.16: Wahrheitsmatrix eines trainierten Klassifikators mit der Anzahl an Untersuchungen

3.5.3 Optimierung des Klassifikators

Ein Klassifikator kann bezüglich zwei Kriterien optimiert werden, der Generalisierungsfähigkeit und der Güte. Die Optimierung bezüglich der Generalisierungsfähigkeit bedeutet, dass die Definition der verwendeten Klassen passend zum Anwendungsbereich des Klassifikators bzw. zur Fragestellung gewählt wird. Im Beispiel in Abschnitt 3.4.4 ist die korrekte Klassifikation einer Schlange durch keinen der beiden Entscheidungsbäume möglich, da in diesem Fall die Klassen zu speziell gewählt wurden. Der Klassifikator hat also eine geringe Generalisierungsfähigkeit. Außerdem muss beachtet werden, dass die Anzahl an Trainingsdaten pro Klasse nicht zu gering aber gleichzeitig nicht größer als die Anzahl der Merkmalsvariablen ist [55]. Eine ausreichende Menge Trainingsdaten mit vielfältigen Merkmalsvektoren ist ebenfalls wichtig. Dies ist vergleichbar mit dem Gedächtnis eines Menschen. Je mehr Erlebnisse und Erfahrungen dieser gemacht und sich dabei die Details gut gemerkt hat, umso größer ist sein Erfahrungsschatz. Die Bewertung der Ähnlichkeit eines neuen Problems mit gelösten Problemen aus dem Erfahrungsschatz ermöglicht es für das neue Problem einen Lösungsansatz entweder komplett oder teilweise zu übernehmen. Übertragen auf den Klassifikator bedeutet dies, je vielfältiger Merkmalsvektoren des Trainingsdatensatzes sind, umso besser ist dieser in der Lage eine große Bandbreite an Objekten korrekt den definierten Klassen zuzuordnen.

Das zweite Kriterium, die Güte, ist hoch, wenn die korrekte Klassifikation der Validierungsobjekte besonders hoch ist. Um die Güte zu bestimmen, wird die Richtig-Positiv-Rate, welche auch Empfindlichkeit oder die Sensitivität beschreibt, berechnet. Sie gibt, wie bereits in 3.4.1 beschrieben, den Anteil der korrekt positiv klassifizierten Objekte an den insgesamt tatsächlich positiven Objekten an. Die Güte kann durch zwei Maßnahmen optimiert werden:

- Bereinigung bzw. Berücksichtigung von Ausreißerdatensätzen

- Entfernung von Datensätzen mit wenig Informationsgehalt

Die Berücksichtigung von Außreißerdatensätzen wird dabei durch die Parameter des Klassifikators realisiert.

3.5.4 Überprüfung von Überanpassung

Eine Überanpassung (engl. overfitting) entsteht, wenn sich der Klassifikator zu stark an die Trainingsmatrix anpasst, also seine Komplexität groß ist. Um das zu vermeiden, können Ausreißerdaten entfernt oder entsprechend berücksichtigt werden beispielsweise durch Fehlerterme wie bei SVM. Durch die Variation der folgenden zwei Klassifikatorparameter kann die Zahl der Klassifikationsfehler minimiert werden:

- Distanzmetrik inkl. Gewichtung (alle Klassifikatoren)

- Komplexität (Kernelfunktion bei SVM, Anzahl betrachteter Nachbarn in der k-Nearest-Neighbor Klassifikation)

Der Klassifikationsfehler berechnet sich aus dem Verhältnis der Anzahl falsch klassifizierter Fälle zur Gesamtzahl aller Fälle. Gleichzeitig wird die Treffergenauigkeit (engl. accuracy), der Anteil korrekt klassifizierter Objekte, maximiert. Am effektivsten wird die Überanpassung durch eine Kreuzvalidierung verhindert. Damit wird die Komplexität soweit verringert, dass der Klassifikationsfehler minimal wird. Um die Kreuzvalidierung durchzuführen wird wie in Abbildung 3.17 dargestellt der zu klassifizierende Datensatz Z in Trainingsdaten Z_T und Validierungsdaten Z_V aufgeteilt. Mit dem Trainingsdatensatz wird das Modell f erstellt und anschließend mit dem Validierungsdatensatz überprüft.

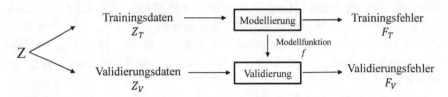

Abbildung 3.17: Vorgehensweise bei der Kreuzvalidierung nach [56]

Der Validierungsfehler ist meistens größer als der Trainingsfehler, $F_T < F_V$, da das Modell auf Grundlage der Trainingsdaten erstellt wurde. Ist der Validierungsfehler ungefähr gleich dem Trainingsfehler ($F_v \approx F_T$), kann man von einer guten Generalisierungsfähigkeit des Modells sprechen. Um den optimalen Komplexitätsparameter des Klassifikators zu finden, wird dieser schrittweise erhöht. Dabei werden jeweils der Trainingsfehler und der Validierungsfehler berechnet. Trägt man nun diese beiden Fehler über den Komplexitätsparameter ξ des Klassifikators auf, erhält man das in Abbildung 3.18 gezeigte Diagramm. Dieses stellt den qualitativen Verlauf der Trainingsfehler in der durchgezogenen und den der Validierungsfehler in der gestrichelten Kurve dar. Der Komplexitätsparameter ξ wird solange erhöht, bis die durchgezogene und die gestrichelte Kurve auseinanderlaufen. Erhöht man nun den Parameter über diesen Parameterwert ξ_i hinaus noch weiter, nimmt der Validierungsfehler zu, während der Trainingsfehler weiter abnimmt oder konstant bleibt.

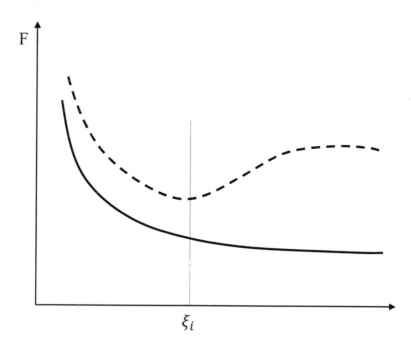

Abbildung 3.18: Fehlklassifizierungen in Abhängigkeit des Komplexitätsparameters

Das bedeutet, dass der Parameterwert ξ_i die beste Generalisierungsfähigkeit des Modells liefert. Der Validierungsfehler ist zudem ein Indikator für die Korrelation der Datensätze. Kann ein geringer Validierungsfehler erreicht werden, deutet es darauf hin, dass die Daten stark korrelieren. Ist dagegen der Validierungsfehler groß, spricht das für schwach korrelierte Daten [56].

4 Konzept einer Diagnose-Korrelationsstruktur

In diesem Abschnitt wird das Konzept einer Diagnose-Korrelationsstruktur vorgestellt. Beginnend mit der Definition der Randbedingungen und Anforderungen wird ein Überblick über den Gesamtprozess gegeben. Anschließend werden die zwei definierten Teilprozesse „initialer Analyseprozess" und „produktiver Analyseprozess" beschrieben. Die dabei identifizierten Prozesschritte Datenaufbereitung, Datenanalyse und Lernmodul werden dargestellt.

4.1 Randbedingungen und Anforderungen

Um bereits während der dynamischen Entwicklungsphase schnell und zielgerichtet Fehlerspeichereinträge analysieren und identifizieren zu können, wird eine Diagnose-Korrelationsstruktur konzipiert. Dazu muss zunächst eine formalisierte Vorgehensweise definiert werden. Um gelöste Fehlerfälle alter Entwicklungsprojekte aus vorhandenen Fehlerdatenbanken nutzen zu können, müssen diese einheitlich dokumentiert sein. Zudem müssen textuelle Kommentare vorhanden sein und ein Mindestmaß an Analysierbarkeit besitzen. Ist dies nicht der Fall, werden diese Fehlerfälle entfernt oder händisch nachgepflegt. In der frühen Phase der Entwicklung sowie während des gesamten Entwicklungsprozesses ändern sich die Powertrainkonfigurationen häufig. Daher gibt es keine ausreichende Menge an vergleichbaren Datensätzen zu DTC. Aus diesen Gegebenheiten heraus soll in einem Top-Down[9] Ansatz die Untersuchung der Ähnlichkeiten zwischen den unterschiedlichen DTC bzw. Fehlerfällen helfen, um die Fehlerursache zu identifizieren und damit einen Lösungsansatz zur Fehlerabstellung zu finden.

---

[9] Top-Down – Bezeichnet die Wirkrichtung innerhalb von hierarchischen Prozessen. In diesem Fall wirkt der Prozess von den übergeordneten allgemeinen Elementen zu den untergeordneten, speziellen Elementen des Systems [68].

© Springer Fachmedien Wiesbaden GmbH, ein Teil von Springer Nature 2018
B. Krausz, *Methode zur Reifegradsteigerung mittels Fehlerkategorisierung von Diagnoseinformationen in der Fahrzeugentwicklung*, Wissenschaftliche Reihe Fahrzeugtechnik Universität Stuttgart, https://doi.org/10.1007/978-3-658-24018-9_4

4.2   Gesamtprozess

Der Gesamtprozess wird, wie in Abbildung 4.1 dargestellt, in zwei Stufen unterteilt. Zunächst werden im initialen Analyseprozess, dargestellt durch den durchgezogenen Pfad, gelöste Fehlerfälle mit Methoden der Ähnlichkeitsanalyse untersucht.

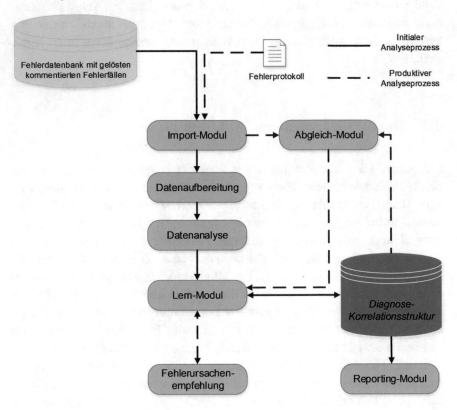

Abbildung 4.1:   Gesamtprozess der Diagnose-Korrelationsstruktur

Das Ziel ist es in den vorhandenen Datensätzen Ähnlichkeiten zu erkennen, die Rückschlüsse auf die Fehlerursache liefern können. Die gewonnenen Erkenntnisse werden in einer Diagnose-Korrelationsstrukur abgelegt. Im anschließenden produktiven Analyseprozess, dargestellt durch den gestrichelten Pfad, kann das zuvor gewonnene Wissen auf neue, ungelöste Fehlerfälle angewandt werden.

4.2.1 Initialer Analyseprozess

Der initiale Analyseprozess dient der ersten Befüllung der Diagnosestruktur. Die Abbildung 4.2 stellt die wichtigsten Elemente detailliert dar. Dabei werden zunächst die Daten der kommentierten Fehlerfälle importiert und aufbereitet. Anhand der textuellen Fehlerkommentare erfolgt eine Kategorisierung der Fehlerfälle nach ihrer Ursache. Darauffolgend werden diese kategorisierten DTC genutzt um mithilfe der Ähnlichkeitsbestimmung ihrer zugehörigen Fehlerumgebungsdaten verschiedene Klassifikatoren zu trainieren.

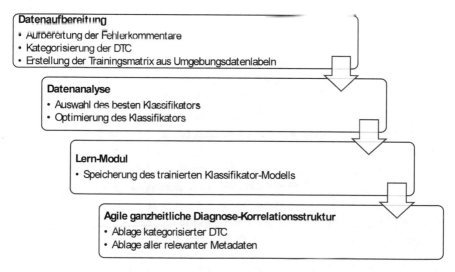

Abbildung 4.2: Darstellung der vier Stufen des initialen Analyseprozesses

Der Klassifikator mit der besten Güte wird ausgewählt, trainiert und optimiert. Das optimierte Klassifikator-Modell wird im Lern-Modul gespeichert. Die Fehlerfälle inklusive ihrer Kategorisierungen, zusätzlichen Informationen wie beispielsweise Steuergerätename und –typ sowie Steuergerätedatenstand, Fehlerumgebungsdaten und weiteren Metadaten werden strukturiert in einer Korrelationsliste gespeichert.

4.2.2   Datenaufbereitung

Nachdem die gelösten und bewerteten Fehlerfälle aus der Fehlerdatenbank importiert wurden, folgt der erste Schritt des initialen Analyseprozesses, die Aufbereitung der Daten. Es handelt sich um Daten wie Fehlercodes, Beschreibungen der Fehlercodes, die Fehlerumgebungsdaten sowie Freitextkommentare der Entwickler. Die Freitextkommentare dienen dazu, wie in Kapitel 3.3 gezeigt, die Fehlerursache und gegebenenfalls die Abhilfemaßnahme zu beschreiben. Sie stellen einen wichtigen Bestandteil für die Beschreibung des Fehlers bzw. die Fehlerbehebung dar. Da diese textuellen Kommentare keine fest vorgegebene äußere Form haben, ist die maschinelle Auswertbarkeit schwierig.

In einer ersten Analyse ergibt sich, dass von den verwendeten Fehlereinträgen ungefär 98 % mit einem Kommentar versehen sind. Der Standardtext „Mail an Fachabteilung gesendet, Warten auf Rückmeldung" ist bei ca. 19 % der Kommentare gesetzt. Dieser Text wird automatisch gesetzt, bevor ein Verantwortlicher einen Kommentar eingetragen hat. Aus den vorliegenden Fehlerkommentaren ist es möglich einige Informationen zu extrahieren. Die Analyse ergibt weiterhin, dass 34 % der Kommentare vollständig identisch sind und weitere 6 % der Kommentare sich bis auf wenige Wörter gleichen. In Tabelle 4.1 ist ein exemplarischer Auszug aus Fehlerkommentaren dargestellt. Wie zu sehen ist, schwankt die Qualität der Kommentare stark. Die Daten sind unterschiedlich strukturiert und beinhalten außerdem störende Steuerzeichen. Nach Mehler und Wolff eignen sich zur Informationsextraktion und Strukturierung von gering sowie unterschiedlich strukturierten Fehlerkommentaren die Elemente des Textmining [69].

Mithilfe folgender Standard-Prozedur werden Inkonsistenzen und Anomalien bereinigt:

■ Entfernung von:

- Zeilenumbrüchen
- Tabulatorsymbolen
- doppelte Leerzeichen
- Sonderzeichen am Anfang sowie am Ende (beispielsweise „_")

- Eckigen Klammern und die beinhalteten Daten
- Datumsstempeln innerhalb der Kommentare
- Zeichenfolgen „Mail an Fachabteilung gesendet, warten auf Rückmeldung"

■ Überprüfung des Kommentars auf noch mindestens 15 Zeichen (ca. drei Wörter), sonst wird Kommentar verworfen.

■ Rechtschreibkorrektur

Eine weitere Analyse der unterschiedlichen Kommentare ergibt, dass viele nach dem gleichen Schema aufgebaut sind. Daher wird der aufbereitete Fließtext anschließend ausgehend von diesem Schema nach folgenden Schlüsselwörtern aufgetrennt:

■ Ursache

■ Analyse

■ Auswirkungen

■ Maßnahme

Da die Kommentare händisch erstellt werden, treten wie erwartet Unregelmäßigkeiten auf. So werden beispielsweise die Schlüsselwörter in den Kommentaren teilweise gar nicht genannt oder sie werden zusammengefasst, wie beispielsweise „Ursache/Analyse". Mithilfe eines Algorithmus wird der Kommentar anhand der Schlüsselwörter aufgetrennt. Aufgrund der vielfältigen Kommentierungsweisen muss der Algorithmus eine ausreichende Fehlertoleranz aufweisen. Dieser ist nicht sensitiv bezüglich Groß- und Kleinschreibung, der Reihenfolge der genannten Schlüsselwörter und kann sogar Kommentare ganz ohne Schlüsselwörter verarbeiten. Kommentare, welche sich zu 95 % ähneln, werden als 1:1 Kopien behandelt und daher redundanzfrei in der Datenbank gespeichert. Zur Bestimmung der Ähnlichkeit wird die „Semantische Suche" von MSSQL verwendet, da diese eine gute Fehlertoleranz bezüglich Rechtsschreibfehlern bietet und außerdem deklinierte Wörter erkennen kann [70].

Tabelle 4.1:　　Beispielhafte Fehlerkommentare. Links oben: unbearbeiteter Standardtext, Rechts oben: Strukturierter Kommentar. Links unten: leicht abweichend strukturiert. Rechts unten: unstrukturierter Fließtext.

Mail an Fachabteilung gesendet, Warten auf Rückmeldung	Ursache/Analyse: scharfe Bedatung für Entwicklung, Anzeige, wann Fehlerverdacht Schub anfordert Auswirkung: keine Auswirkung, keine Ersatzreaktionen Maßnahme: Fehler löschen
Serienrelevanz: nein MIL-Relevanz:　nein Folgefehler:　　ja Ursache: Mit hoher Wahrscheinlichkeit ist der NOX Sensor defekt Auswirkung: Fehlereintrag im MSG Maßnahme: beobachten, falls der Fehler wiederholt auftritt sollte der NOX Sensor ausgetausch oder el. geprüft werden	Rückmeldung DL Betreuung: Fehler durch aktive Nockenwellenverstellung verursacht die nicht aktiv sein darf da laut Beschluss der PL keine Nockenwellenverstellung kommt. Stecker abgezogen und in SW deaktiviert.

4.2.3　Datenanalyse und Lernmodul

Nach der Datenaufbereitung werden im Zuge der Datenanalyse zunächst der SVM-Klassifikator und der k-Nearest-Neighbor Klassifikator untersucht. Der Klassifikator, welcher die zur Verfügung stehende Trainingsmatrix aus gelösten Fehlerfällen mit der besten Güte zuordnen kann, wird ausgewählt. Das trainierte und optimierte Klassifikatormodell wird im Lernmodul gespeichert. Dieses kann, wie in Abschnitt 4.2.2 beschrieben, für neue DTC verwendet werden, sofern die Umgebungsdaten des neuen DTC in der Trainingsmatrix enthalten sind. Dazu muss ein klassifizierbarer Datensatz aus den Daten des neuen DTC erstellt werden. Die Abbildung 4.3 zeigt die Erstellung dieses Datensatzes. In der gestrichelten Umrandung ist die Trainingsmatrix mit ihren Umgebungsdatenlabels in den Spalten dargestellt. Sofern beim neuen

DTC ein Label nicht vorhanden ist, wird an dieser Stelle eine Null eingetragen.

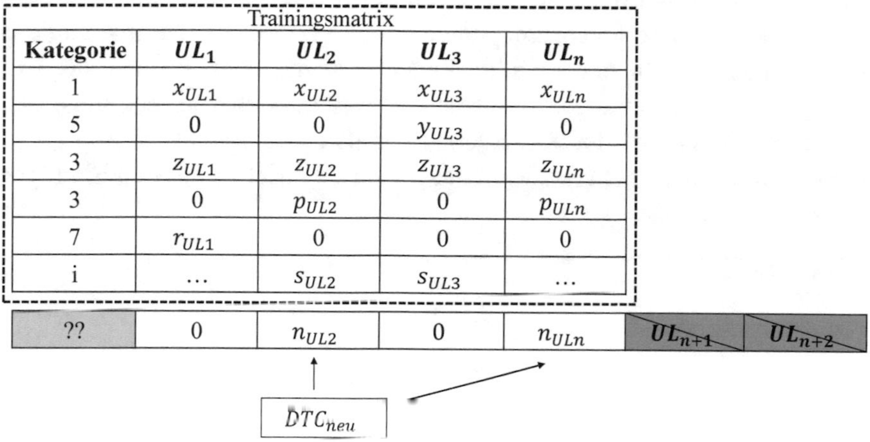

| Trainingsmatrix | | | |
Kategorie	UL_1	UL_2	UL_3	UL_n
1	x_{UL1}	x_{UL2}	x_{UL3}	x_{ULn}
5	0	0	y_{UL3}	0
3	z_{UL1}	z_{UL2}	z_{UL3}	z_{ULn}
3	0	p_{UL2}	0	p_{ULn}
7	r_{UL1}	0	0	0
i	...	s_{UL2}	s_{UL3}	...
??	0	n_{UL2}	0	n_{ULn}	UL_{n+1}	UL_{n+2}

DTC_{neu}

Abbildung 4.3: Erstellung eines Datensatzes zur Kategorisierung eines neuen DTC

Der Klassifikator bekommt den Datensatz mit den Werten der Umgebungsdatenlabels und liefert die Kategorie als Ergebnis. Die Umgebungsdatenlabels, welche nicht in der Trainingsmatrix vorhanden sind, werden zur Erzeugung des Datensatzes nicht berücksichtigt, da der Klassifizierungsdatensatz die gleiche Merkmalsanzahl wie die Trainingsmatrix besitzen muss. Dieses Abschneiden von unbekannten Labels ist in Abbildung 4.3 durch die dunkelgrauen durchgestrichenen Spalten mit den Umgebungsdatenlabels UL_{n+1} und UL_{n+2} beispielhaft dargestellt. Die Kategorisierung anhand eines reduzierten Datensatzes liefert für den zuständigen fehlerverantwortlichen Entwickler einen Anhaltspunkt zur Einschränkung der möglichen Fehlerursachen. Erst nach einer endgültigen Bestätigung durch diesen kann der Datensatz mit seinen vollständigen Umgebungsdatenlabels zur Erweiterung der Trainingsmatrix genutzt werden. Diese Erweiterung wird wiederholt durchgeführt, sobald einige bestätigte DTC in der Erweiterungsliste gesammelt wurden.

4.2.4   Produktiver Analyseprozess

Im produktiven Analyseprozess wird ein neuer DTC, welcher in einem Fehlerprotokoll dokumentiert wurde, untersucht. Dazu werden die in Abbildung
4.4 gezeigten Schritte durchgeführt. Zunächst werden diese neuen DTC, ihre
dazugehörigen Fehlerumgebungsdaten und weitere Metadaten wie beispielsweise der Datenstand des Steuergeräts aus dem Fehlerprotokoll importiert.
Im Anschluss erfolgt ein Abgleich des neuen Datensatzes mit den Einträgen
der Korrelationsliste.

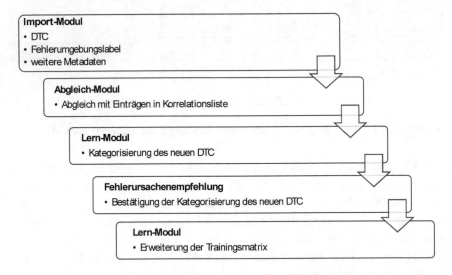

Abbildung 4.4:   Darstellung der fünf Stufen des produktiven Analyseprozesses

Wird dabei ein identischer DTC gefunden, welcher den gleichen Fehler-
umgebungsdatensatz hat, kann das im Lern-Modul gespeicherte Klassifika-
tions-Modell zur Kategorisierung des neuen DTC verwendet werden. Wird
kein identischer DTC in der Korrelationsliste gefunden, werden die Umgebungsdatenlabels des neuen DTC mit den Labels der Trainingsmatrix verglichen. Ist ein Teil der Labels in der Trainingsmatrix vorhanden, besteht die
Möglichkeit den neuen DTC nur anhand dieser kategorisieren zu lassen. Das
Ergebnis dieser Kategorisierung stellt jedoch nur eine grobe Vorhersage dar,
welche zu prüfen ist.

Erst nach finaler Ursachenfindung kann dieser DTC inklusive seiner Umgebungsdaten zur Erweiterung der Trainingsmatrix genutzt werden. Im Report-Modul können aus den Informationen in der Korrelationsliste verschiedene statistische Auswertungen beispielsweise zu den Fehlerhäufigkeiten erzeugt werden.

4.3 Einführung einer Kategorisierung

Zur Identifikation einer geeigneten Kategorisierung der Fehlerursachen werden die Fehlerkommentare aus den Fehlerlisten der betrachteten Dauerlaufflotte nach der Aufbereitung zunächst manuell gesichtet. In der gewählten Dauerlaufflotte werden die Fehlerfälle beginnend mit einem geringen Reifegrad bis hin zur Markteinführung von unterschiedlichen Varianten betrachtet. Dadurch ist die Bandbreite der aufgetretenen Fehlerbilder besonders groß und eignet sich gut um eine umfassende Kategorisierung definieren zu können. Diese kann auch für andere Powertrainprojekte eingesetzt werden. Um die Essenz aus dem Fehlerkommentar zu ziehen, müssen diese Freitextfelder vollumfänglich analysiert werden. Eine einfache Zuordnung nach Schlagwörtern ist hier nicht ausreichend. Aus der Analyse der Fehlerkommentare ergibt sich die in Tabelle 4.2 dargestellte Ursachenkategorisierung. Die Identifizierung der dargestellten Ursachenkategorien erfolgt methodisch in einem iterativen Prozess. Dabei werden die Fehlereinträge zunächst anhand der Fehlerkommentare einzeln analysiert. Begonnen wird mit den Einträgen, bei welchen eine eindeutige Fehlerursache anhand der Beschreibung im Fehlerkommentar feststellbar ist. Dieser Kommentar wird zu einem Schlagwort, welches die Ursache repräsentiert, zusammengefasst. Der erste Analysedurchgang ergab sehr viele unterschiedliche fehlerspezifische Schlagwörter. Initial wurden in Summe 37 Ursachenkategorien aus den Schlagwörtern gebildet. Beispielsweise wird differenziert zwischen der Fehlerursache „Software-Bedatung" und „Software-Fehler", wobei die „Software-Bedatung" eine unreife Applikation und der „Software-Fehler" eine fehlerhafte Softwarefunktion beschreibt. Da der Fokus darauf liegt, möglichst genaue aber gleichzeitig allgemeine Kategorien zu bilden, werden die Kategorien auf die in Tabelle 4.2 dargestellten sieben Hauptkategorien mit insgesamt sieben

Unterkategorien reduziert bzw. zusammengefasst. Mit dieser Kategorisierung ist es möglich zwischen Fehlern, die durch den Entwicklungsprozess bedingt sind, und Fehlern, die für die Serienfreigabe relevant sind, zu unterscheiden.

Die Kategorien „Konfiguration" und „Kontaktierung" haben ihren überwiegenden Ursprung in den häufigen Umbauten der Entwicklungsfahrzeuge. Die Kategorie „Hinweis/Warnung" wird teilweise zur Überprüfung der Diagnosebedatung zweckentfremdet. Die Kategorien „Software" und „Hardware" weisen auf freigaberelevante Fehler hin. In einem weiteren Durchgang werden alle Einträge betrachtet, bei welchen keine eindeutige Kategorisierung anhand des Fehlerkommentars möglich ist. Dazu werden die Metadaten untersucht und Fehlerfälle mit gleichem DTC und ähnlichen Metadaten verglichen. Meist gibt es Fehlerfälle, bei welchen eine Kategorisierung bereits vorlag. Diese kann nach Prüfung der relevanten Metadaten für den nicht eindeutig kategorisierbaren Fehlereintrag übernommen werden.Ist beispielsweise in einem Fehlerfall ein DTC bei einem Fahrzeug A kategorisiert worden mit der Fehlerursache „Software" und dem Verweis auf eine Behebung im nächsten Datenstand, so kann der Fehlerfall mit demselben DTC bei Fahrzeug B übernommen werden, sofern beide Fahrzeuge den gleichen Softwarestand haben.

Tabelle 4.2:   Übersicht neuer Ursachenkategorisierung

Haupt-kategorie	Unter-kategorie	Beschreibung
Software	Funktion	Bedatungsfehler in der Software allgemeine Funktionen betreffend (beispielsweise Applikation Regler n.i.O.)
	Diagnose	Bedatungsfehler in den Diagnosefunktionen (beispielsweise Überwachungsgrenzen zu eng)
	Update	Fehler durch unvollständige Updates (beispielsweise Lernwerte nicht übernommen, Steller nicht eingelernt)
Hardware		Defekte Hardware (beispielsweise Elektrodenablösung bei Sensor, Steller ATL klemmt)
Folgefehler	Software	Fehlerursache ist ein vorausgegangener Softwarefehler
	Hardware	Fehlerursache ist ein vorausgegangener Hardwarefehler
Konfiguration	Bauteil	Bauteil passt nicht zur Konfiguration der Software (beispielsweise Einbauposition Sensor)
	Fehlendes Element	Neue Softwarefunktion für neues Element. Das Element ist noch nicht verbaut.
Kontaktierung		Fehlerursache ist ein beispielsweise Wackelkontakt oder ein Stecker, der nicht aufgesteckt ist
Hinweis/ Warnung		Korrekter Diagnosehinweis oder tlw. Zweckentfremdung zur Diagnosebedatungsüberprüfung
Keine		Fehlerursache nicht feststellbar → Fehlerkommentar entweder leer oder keine Ursache feststellbar (beispielsweise aufgrund fehlender Umgebungsdaten)

Nach der systematischen Aufarbeitung der Fehlerliste unter Anwendung von Quervergleichen ergibt sich die in Abbildung 4.5 dargestellte Verteilung. Am häufigsten können, mit 37 % der Fehlerfälle, die Fehlereinträge der Ursachenkategorie „Folgefehler" zugeordnet werden. Diese beinhalten Folgefehler sowohl aufgrund vorausgegangener Hardware- als auch Softwarefehler. In 26 % der Fehlerfälle konnte keine Ursache identifiziert werden, daher wurden diese Fehlereinträge der Kategorie „keine" zugeordnet. Eine abschließende Analyse dieser Einträge war nicht möglich, da der verwendete Datenbestand nicht mit gleichbleibender Qualität gepflegt wurde und die zuständigen Ansprechpartner nicht zur Verfügung standen. An dritter Stelle kommen mit 12 % die Fehler der Kategorie „Hinweis/Warnung" meist in Verbindung mit zu scharfen Schwellwerten der Diagnosefunktionen. Es folgt die Fehlerursache „Software" mit 11 % und „Hardware" mit 9 %. In den seltensten Fällen werden die Fehler der Kategorie „Konfiguration" (2 %) oder „Kontaktierung" (3 %) zugeordnet. Der Vergleich der neuen Kategorisierung mit der aktuell eingesetzten einfachen nach Hardware- und Softwarefehlern zeigt, dass diese zwei Kategorien nicht die tatsächliche Fehlerursache aufzeigen. Lediglich 9 % bzw. 11 % der Fehlereinträge sind direkt auf Hardwaredefekte bzw. Softwarefehler zurückzuführen. Im Vergleich dazu zeigt Weiss in seiner Arbeit, dass bei der Kategorisierung in „Hardware" bzw. „Software" 60 % der Fehlereinträge der Kategorie Software zugeschrieben werden [53].

Damit zeigt sich durch die Einführung der neuen Kategorisierung eine Verbesserung der Ursachenangabe. Da die Anwortkateogie „keine" bei der Klassifizierung keine Beurteilung der Ergebnisse ermöglicht, wird diese Kategorie weggelassen. In Kapitel 5 wird die Ähnlichkeitsuntersuchung der Fehlereinträge anhand ihrer Fehlerumgebungsdaten auf Basis der definierten sechs Hauptkategorien und sieben Unterkategorien durchgeführt.

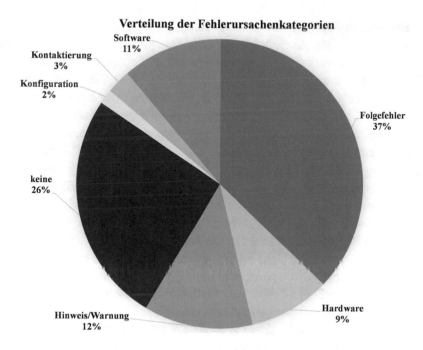

Abbildung 4.5:   Verteilung der Ursachenkategorien aus analysierter Fehlerliste

4.4   Zusammenfassung

Das in diesem Kapitel vorgestellte neue Konzept dient dazu, die Ursachenanalyse von Fehlerfällen auf Basis von im Steuergerät gespeicherten DTC zu
ermöglichen und zu erleichtern. Nach der Untersuchung der Randbedingungen in Abschnitt 4.1 wurde die Fehlerursachenanalyse in zwei Teilprozesse
aufgeteilt. Beginnend mit dem in Abschnitt 4.2.1 dargestellten initialen Analyseprozess werden die vorhandenen Fehlerfälle mit ihren Metadaten wie
DTC, Umgebungsdatensätzen, textuellem Fehlerkommentar und Software-
datenstand der Steuergeräte importiert. Anschließend folgt eine aufwendige,
in Abschnitt 4.2.2 beschriebene, Aufbereitung des textuellen Fehlerkommentars. An diese schließt sich in Abschnitt 0 die Einführung einer Ursachenkategorisierung der Fehlerfälle anhand ihrer textuellen Fehlerkommentare an.

In einer neuen Methode zur Ursachenanalyse wird, wie in Abschnitt 4.2.3 veranschaulicht, die Ähnlichkeit der Umgebungsdatenlabels von kategorisierten DTC bestimmt. Dazu werden zunächst die beiden Klassifikatoren SVM und k-Nearest-Neighbor untersucht und mit einer Trainingsmatrix aus den Umgebungsdaten trainiert. Der Klassifikator mit der besten Güte wird trainiert und als optimiertes Klassifikator-Modell im Lern-Modul gespeichert. Dort wird es im produktiven Analyseprozess für die Kategorisierung von weiteren neuen DTC genutzt. Die Metadaten der Fehlerfälle werden in einer Korrelationsliste dokumentiert. Bei der Kategorisierung neuer DTC werden die unter Abschnitt 4.2.2 und 4.2.3 beschriebenen Randbedingungen bei der Erstellung der zu kategorisierenden Datensätze berücksichtigt. Die Trainingsmatrix wird im produktiven Analyseprozess immer wieder durch weitere bestätigte kategorisierte Datensätze erweitert. Der Klassifikator lernt auf diese Weise über die Zeit hinzukommende DTC anhand der Umgebungsdatenwerte korrekt zu kategorisieren. Es ist keine Veröffentlichung bekannt, in welcher die Fehlerursachen auf diese Weise analysiert werden und das genutzte Analysewerkzeug laufend mit neuen Daten verbessert werden kann. Anhand der Daten aus der Korrelationsliste können durch das Report-Modul verschiedene statistische Auswertungen generiert werden, mit welchem eine Bewertung des Reifegrades des heutigen Powertrains möglich ist.

5 Anwendung und praktischer Nachweis

In diesem Kapitel werden die beiden in Kapitel 3 identifizierten Klassifikatoren Support-Vector Machine und k-Nearest-Neighbor in einem Beispiel angewendet. In diesem Beispiel soll aufgezeigt werden, dass die Fehlerursachenanalyse bereits in der Fahrzeugentwicklung erleichtert wird. Dazu wird die Ähnlichkeit von den Umgebungsdaten verschiedener Fehlerspeichereinträge untersucht und bewertet.

5.1 Aufgabenstellung

Im Laufe der Fahrzeugentwicklung werden Dauerlaufflotten betrieben, welche, wie in Abschnitt 3.1 beschrieben, das Ziel haben sowohl die Hardware-als auch die Softwareentwicklung abzusichern und eine Freigabe für die Serienproduktion zu erteilen. Dazu werden die laufend ausgelesenen DTC der einzelnen Dauerlauffahrzeuge in Listen zusammengefasst, in diesen bewertet und verfolgt. Die Bewertung wird in Form eines Freitext-Kommentarfeldes und einer einfachen Kategorisierung nach Hardware- oder Softwarefehler durchgeführt. Um eine schnellere Fehlerursachenanalyse mit wenig Daten bereits in der frühen Fahrzeugentwicklungsphase durchführen zu können, wird mit der hier vorgestellten Methode ein Klassifikator trainiert, welcher anschließend zur Kategorisierung von DTC aus ungelösten Fehlerfällen eingesetzt werden kann. Die Grundlage für die Erstellung der Trainingsmatrix in diesem Anwendungsbeispiel ist die Fehlerliste einer Baureihe mit aufgetretenen DTC des Motorsteuergeräts aus dem Fehlerbereich des Powertrains (P-Codes). Diese dokumentierten DTC werden, wie bereits in Abschnitt 0 vorgestellt, anhand ihres Fehlerkommentars jeweils den sechs Hauptkategorien und sieben Unterkategorien zugeordnet. In diesem Anwendungsbeispiel gibt es in der Fehlerliste insgesamt 582 unterschiedliche DTC mit 18 unterschiedlichen Fehlerumgebungsklassen. Um die Generalisierbarkeit des Klassifiktors bestimmen zu können, wird die Gesamtmatrix nach

© Springer Fachmedien Wiesbaden GmbH, ein Teil von Springer Nature 2018
B. Krausz, *Methode zur Reifegradsteigerung mittels Fehlerkategorisierung von Diagnoseinformationen in der Fahrzeugentwicklung*, Wissenschaftliche Reihe Fahrzeugtechnik Universität Stuttgart, https://doi.org/10.1007/978-3-658-24018-9_5

dem Holdout-Verfahren in eine Trainingsmatrix und eine Validierungsmatrix
aufgeteilt [63].

Tabelle 5.1:   Eckdaten der betrachteten Fehlerfälle im Anwendungsbeispiel

Anzahl Fehlereinträge	**2120**
Anzahl unterschiedlicher DTC	582
Anzahl Fehlerumgebungsklassen	18
Anzahl nummerischer Umgebungsdatenlabels	880
Anzahl Hauptkategorien	6
Anzahl Unterkategorien	7

Diese Methode ist nach Hofmann bei Datensätzen mit einer Mindestzahl von
1000 Einträgen geeignet [71]. Dabei bleibt die Validierungsmatrix, während
der Klassifikator-Optimierung, unberücksichtigt und wird erst zur Bewertung
der Güte des Klassifikators eingesetzt. Um mit einem möglichst großen Anteil der Gesamtmatrix trainieren zu können, werden als Ausgangspunkt 80 %
der in der Gesamtmatrix vorhandenen Einträge für die Trainingsmatrix und
20 % für die Validierungsmatrix verwendet.

5.2   Ähnlichkeitsuntersuchung mittels Klassifikation

Zur Ähnlichkeitsuntersuchung der Fehlerumgebungsdaten aus der Trainingsmatrix werden die beiden Klassifikatoren SVM- und der k-Nearest-Neighbor
trainiert. Dabei werden die Parameter beider Klassifikatoren variiert. Nach
einem Trainingsdurchlauf mit einer Parameterkonfiguration wird die Güte
des Klassifikators angegeben. Um bereits beim Training vor Überanpassung

zu schützen wird die Trainingsmatrix nach dem Verfahren der Kreuzvalidierung in fünf Matrizen zerlegt. Die fünf Matrizen haben die gleiche Anzahl an Spalten wie die Gesamtmatrix. Es wird immer mit einer der fünf unterschiedlichen Matrizen trainiert und mit den vier übrigen Matrizen validiert. In jedem der fünf Durchläufe wird die Güte des Klassifikators berechnet und zum Schluss der Durchschnittswert als Gesamtgüte ausgegeben. Durch die Bewertung der dort erstellten Wahrheitsmatrix, auch *Confusion Matrix* genannt, kann die Klassifizierungsgüte der einzelnen Kategorien abgelesen werden. Der favorisierte Klassifikator kann anschließend zur Überprüfung mit der Validierungsmatrix oder zur Klassifizierung weiterer Daten verwendet werden.

5.2.1 Erstellung der Trainingsmatrix

Zur Erstellung dieser Trainingsmatrix sind einige vorbereitende Schritte notwendig. Aus allen Fehlereinträgen bzw. Fehlerfällen wird zunächst eine Gesamtmatrix mit 2120 Zeilen und 881 Spalten erstellt. Dabei sind in den 881 Spalten die verschiedenen nummerischen Umgebungsdatenlabel enthalten und in einer Spalte die Ursachenkategorien. Es gibt insgesamt 10 Kategorien, da alle Kategorien inklusive ihrer Unterkategorien verwendet werden. Diese sind wie in Tabelle 5.2 dargestellt auf die 2120 Fehlerfälle verteilt. Die Gesamtmatrix ist lediglich zu 4,9 % mit Werten besetzt. Um eine höhere Besetzung zu erreichen, wird eine Bereinigung um diejenigen Zeilen und Spalten durchgeführt, welche eine geringe Aussagekraft haben. Dazu werden alle Spalten, welche ausschließlich den Wert Null haben, gelöscht. Dadurch reduziert sich die Anzahl der Spalten um 230 auf 661 inklusive der Kategorie-Spalte. Nachfolgend werden alle Zeilen untersucht. Jede Zeile entspricht einem Fehlerspeichereintrag einschließlich Umgebungsdatensatz. Einträge mit sehr wenigen verschiedenen Spaltenwerten sind wenig aussagekräftig, da in diesen Fällen davon auszugehen ist, dass der Umgebungsdatensatz unvollständig ausgelesen wurde. Um herauszufinden, wie groß die minimale Anzahl der Spaltenwerte je Zeile ist, wurde die Anzahl der Fehlerspeichereinträge über den Zähler c aufgetragen. Dieser Zähler gibt an, wieviele Spalteneinträge eine Zeile mindestens haben muss, um nicht gelöscht zu werden. Zeilen mit sehr wenigen Spalteneinträgen deuten auf ein fehlerhaftes Auslesen des Umgebungsdatensatzes hin. Dies kann im Laufe der Entwicklung vorkommen, wenn die Diagnosedatei fehlerhaft oder nicht eindeutig beschrieben ist.

Tabelle 5.2:   Verteilung der Kategorien

Kategorie	Anzahl Fehlerfälle
Folgefehler (HW)	707
Folgefehler (SW)	353
Hardware	262
Hinweis/Warnung	352
Konfiguration (Bauteil)	17
Konfiguration (fehlendes Teil)	30
Kontaktierung	77
Software (Diagnose)	119
Software (Funktion)	194
Software (Update)	9

Diese fehlerhaften Auslesungen können für eine Analyse ihrer Umgebungs-daten nicht genutzt werden, da ihre Aussagekraft zu gering ist. Die Abbildung 5.1 zeigt die Anzahl der Fehlerspeichereinträge in Abhängigkeit des Zählers c. Ab dem Wert $c = 3$ ist keine signifikante Reduzierung der Fehlerspeichereinträge sinnvoll, da eine weitere Erhöhung des c-Wertes keine nennenswerte Verkleinerung der Matrix bewirkt. Damit haben die übrigen Fehlerspeichereinträge genügend Aussagekraft um für das Training genutzt zu werden. Die Anzahl der Zeilen der Gesamtmatrix verringert sich durch diese Bereinigung um 665 auf insgesamt 1455 Fehlerspeichereinträge. Aus dieser Matrix werden eine Trainings- und eine Validierungsmatrix erstellt.

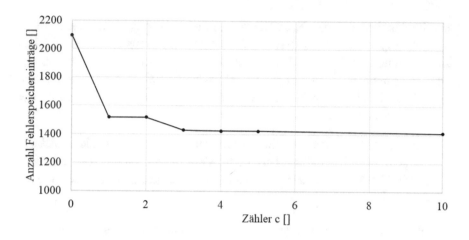

Abbildung 5.1: Reduzierung der Fehlerspeichereinträge mit geringer Anzahl an Umgehungswerten

Dabei werden 80 % der Daten für die Trainingsmatrix und 20 % der Daten für die Validierungsmatrix verwendet. Die Auswahl der Zeilen für diese beiden Matrizen erfolgt zufällig. Die Trainingsmatrix besitzt somit 1164 Zeilen und 661 Spalten und die Validierungsmatrix 291 Zeilen und ebenfalls 661 Spalten.

5.2.2 Auswahl des geeigneten Klassifikators

Untersucht werden, wie in Abschnitt 3.4.6 beschrieben, die Klassifikatoren Support-Vector Machine und der k-Nearest-Neighbor. Um den für das Klassifizierungsproblem geeigneten Klassifikator zu bestimmen werden bei der Support-Vector Machine folgende Kernelfunktionen betrachtet:

- linearer Kernel

- radialer bzw. gaussianischer Kernel

- quadratischer Kernel

- kubischer Kernel

Da die Ähnlichkeit von vielen Klassen bestimmt werden soll, werden diese in einen Satz binärer Klassifikationsprobleme mit jeweils einem SVM Klassifikator unterteilt. Um eine Klasse von der anderen Klasse zu unterscheiden, wird mit einem Klassifikator jeweils ein Klassenpaar trainiert. Da sich die Wertebereiche der Umgebungsdatenlabels stark unterscheiden, werden die Daten dieser normiert.

Das Trainieren mit unterschiedlichen Kernelfunktionen liefert die in Tabelle 5.3 aufgeführten Ergebnisse. Das beste SVM-Trainingsergebnis, mit einer Güte von 83,5 %, erzielt der SVM-Klassifikator 3 mit einer kubischen Kernel-Funktion.

Tabelle 5.3:   Güte der mit unterschiedlichen SVM-trainierten Klassifikatoren

SVM-Klassifikator	Kernelfunktion	Güte [%]
1	linear	80,2
2	quadratisch	82,9
3	**kubisch**	**83,5**
4	radial/gaussianisch	73,1

In der Abbildung 5.2 ist die Wahrheitsmatrix der kubischen SVM dargestellt. In den Zeilen sind die tatsächlichen Kategorien (true class) angegeben und in den Spalten die durch den Klassifikator vorhergesagten Kategorien (predicted class). In den Zellen wird jeweils die prozentuale Häufigkeit der korrekten bzw. inkorrekten Klassifizierungen angegeben. Die diagonalen Fehler zeigen die hohe Güte bezüglich der Klassifizierung aller Kategorien. Das bedeutet, dass dieser Klassifikator für die Klassifikationsaufgabe gut geeignet ist. Zum Vergleich wird der k-Nearest Neighbor Klassifikator (KNN) hinsichtlich seiner Eignung für die Klassifizierung der Trainingsmatrix untersucht.

True Class	Folgefehler (HW)	Folgefehler (SW)	Hardware	Hinweis/ Warnung	Konfiguration (Bauteil)	Konfiguration (fehlendes Teil)	Kontaktierung	Software (Diagnose)	Software (Funktion)	Software (Update)
Folgefehler (HW)	68%	2%	2%	1%	1%		16%	2%	9%	
Folgefehler (SW)	1%	85%	5%	1%		<1%	2%	4%	2%	
Hardware	1%	8%	87%		1%		1%	<1%	<1%	<1%
Hinweis/ Warnung	2%	1%		94%					2%	
Konfiguration (Bauteil)		9%	9%		73%			9%		
Konfiguration (fehlendes Teil)	4%	11%	56%			30%				
Kontaktierung	22%	7%		2%			68%		2%	
Software (Diagnose)	3%	7%	1%	1%				85%	3%	
Software (Funktion)	1%	4%		2%				100	90%	1%
Software (Update)	25%								25%	50%

Predicted Class

Abbildung 5.2: Wahrheitsmatrix der kubischen SVM

Bei den k-Nearest Neighbor Klassifikatoren werden folgende drei Parameter variiert:

- Anzahl der Nachbarn
  Diese gibt die Anzahl der Nachbarn an, welche zur Klassifizierung berücksichtigt werden.

- Distanz-Metrik
  Zur Berechnung der Abstände zu den Nachbarn können verschiedene Metriken ausgewählt werden. (z.B. kubisch, euklidisch etc.)

■ Distanz-Gewichtung
Der Abstand kann gewichtet werden, dabei kann keine Gewichtung
(equal), inverse Gewichtung (inverse) oder quadratische inverse Gewichtung (squared inverse) verwendet werden.

Die Daten der Umgebungsdatenlabels werden für das Training mit diesem
Klassifikator ebenfalls normiert.Tabelle 5.4 zeigt die trainierten Klassifi-
katorvarianten mit ihrer jeweiligen Güte.

Tabelle 5.4:   Güte der unterschiedlichen trainierten KNN-Klassifikatoren

KNN -Klassifi- kator	Abstands- metrik	Abstands- gewichtung	Anzahl Nachbarn	Güte [%]
1	euklidisch	equal	1	83,8
2	euklidisch	equal	10	76,1
3	euklidisch	equal	100	53,0
4	kosinus	equal	10	77,6
5	minkowski (kubisch)	equal	10	75,2
6	euklidisch	squared inverse	10	83,0

Das beste Ergebnis mit 83,8 % Güte lieferte KNN-Klassifikator 1. Bei diesem wird nur der nächste Nachbar zur Klassifizierung berücksichtigt und der
Abstand mit der euklidischen Abstandsmetrik ohne Abstandsgewichtung
bestimmt. Die beiden besten Klassifikatoren aus SVM und KNN liegen bezüglich ihrer Güte mit 83,5 % bei kubischer SVM und 83,8 % bei euklidischen KNN sehr eng beieinander und können die Fehler gut den Kategorien
zuordnen. Durch den Vergleich der Wahrheitsmatrizen kann zur besseren
Differenzierung der beiden Klassifikatoren die Güte der einzelnen Kategorien bewertet werden.

True Class \ Predicted Class	Folgefehler (HW)	Folgefehler (SW)	Hardware	Hinweis/ Warnung	Konfiguration (Bauteil)	Konfiguration (fehlendes Teil)	Kontaktierung	Software (Diagnose)	Software (Funktion)	Software (Update)
Folgefehler (HW)	73%	3%	1%	2%			13%	5%	4%	
Folgefehler (SW)	1%	86%	6%	1%		1%	1%	2%	2%	
Hardware	<1%	9%	81%		1%	6%		<1%	2%	<1%
Hinweis/ Warnung	2%	1%	1%	97%				<1%		
Konfiguration (Bauteil)			9%		91%					
Konfiguration (fehlendes Teil)	4%	4%	30%			63%				
Kontaktierung	25%	15%	3%	2%		2%	51%		2%	
Software (Diagnose)	4%	3%	1%	1%				87%	3%	
Software (Funktion)	3%	1%	1%	2%				2%	90%	1%
Software (Update)	25%								50%	25%

Abbildung 5.3: Wahrheitsmatrix des euklidischen KNN-Klassifikators 1

Die Abbildung 5.3 veranschaulicht mit der Wahrheitsmatrix des KNN- Klassifikators 1 die Klassifizierungsgüte dieses Klassifikators für die 10 festgelegten Kategorien. Auch hier zeigen die diagonalen Felder an, dass dieser Klassifikator sehr gut für die Klassifizierungsaufgabe geeignet ist. Die falsch kategorisierten Fehlerfälle der Trainingsmatrix drücken aus, wie groß die Ähnlichkeit des Trainingsfalles zur falschen Kategorie ist. Der Vergleich beider Wahrheitsmatrizen zeigt, dass der KNN-Klassifikator 1 die Kategorie „Konfiguration (fehlendes Teil) mit 63 % Güte besser vorhersagt, als der SVM-Klassifikator 3 mit nur 30 %. Der direkte Vergleich der Güte der einzelnen Kategorien ergibt, dass der KNN-Klassifikator sieben von zehn Kategorien besser bestimmt, eine Kategorie gleich gut bestimmt und zwei Kategorien schlechter bestimmt als die kubische SVM. Der KNN-Klassifikator 1 ist für diese Klassifizierungsaufgabe am besten geeignet und wird daher im Weiteren verwendet.

5.2.3   Sensitivitätsbewertung

Bei der Erzeugung der Gesamtmatrix wird zu Beginn für jedes Umgebungs-datenlabel eine Spalte in der Matrix angelegt. Das Ergebnis ist eine dünn-besetzte Matrix mit vielen Spalten. Das bedeutet, es gibt viele Spalten, welche nur wenige von Null verschiedene Einträge haben, da die Über-schneidung der Umgebungsdatenlabels bei verschiedenen DTC gering ist. Die Abbildung 5.4 zeigt diesen Sachverhalt in einem Beispiel. Hier ist die prozentuale Besetzung der Gesamtmatrix über die Anzahl der nummerischen Umgebungsdatenlabels dargestellt. Der Kurvenverlauf zeigt, dass die Beset-zung der Matrix abnimmt, je mehr Umgebungsdatenlabel in der Matrix be-rücksichtigt werden. Die Label werden dabei ihrer Besetzungshäufigkeit nach absteigend sortiert. Wird die Matrix aus allen Umgebungslabels gebil-det, so ist diese nur zu 4,9 % besetzt.

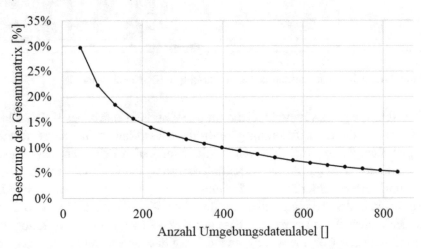

Abbildung 5.4:   Verlauf der Besetzung der Trainingsmatrix in Abhängigkeit der Anzahl an Umgebungsdaten

Der Grund hierfür liegt in den unterschiedlichen Umgebungsdatensätzen, die sich in der Zusammensetzung ihrer Labelgrößen oder der Labelnomenklatur unterscheiden. So gibt es beispielsweise unterschiedliche Bezeichnugen für die Fahrzeuggeschwindigkeit. Die restlichen 95 % sind aufgefüllt mit Nullen. Eine dünn besetzte Matrix begünstigt die Überanpassung des Klassifikators. Bei der Bildung der Gesamtmatrix werden daher zu Beginn bereits 220 Spalten, welche ausschließlich Nullen enthalten, entfernt.

Die Parameter der Klassifikatoren sind sensitive Größen. Bei den durchgeführten Variationen der SVM hat sich gezeigt, dass die Kernel-Funktion nur einen geringeren Einfluss auf die Güte hat. Wie in Tabelle 5.4 zu sehen ist, nimmt die Güte bei dem KNN-Klassifikator mit steigender Anzahl Nachbarn ab. Vom KNN-Klassifikator 1 mit einem Nachbarn und der euklidischen Abstandsmetrik mit einer Güte von 83,8 % stinkt diese beim KNN-Klassifikator 2 mit zehn Nachbarn auf 76,1 % und beim Klassifikator 3 mit 100 Nachbarn auf 53,0 %. Die Klassifikatoren 3 und 6 unterscheiden sich in der Gewichtung der Abstände unter Anwendung der euklidischen Abstandsmetrik. Beim Klassifikator 3 werden die Abstände nicht gewichtet. Beim Klassifikator 6 hingegen werden die Abstände quadratisch invers gewichtet. Die Einbußen bezüglich der Güte durch den Anstieg der Anzahl an Nachbarn von eins auf zehn werden durch die quadratisch inverse Abstandsgewichtung ausgeglichen. Demzufolge ist der Einfluss der Gewichtung der Abstände auf die Klassifizierungsgüte groß. Beim Vergleich von Klassifikator 4 und 5 zeigt sich, dass der Einfluss der gewählten Abstandsmetrik dagegen gering ist.

5.2.4   Optimierung des Klassifikators

Der gewählte KNN-Klassifikator 1 wird optimiert, indem, wie in Kapitel 3.5.3 beschrieben, bei hoher Güte eine gute Generalisierbarkeit eingestellt wird. Ein Klassifikator ist umso besser generalisierbar, je geringer die notwendige Komplexität ist um mit diesem ein Klassifikationsergebnis hoher Güte zu erreichen. Zur Darstellung werden daher die Klassifizierungsfehler der Trainingsmatrix und der Validierungsmatrix über die Komplexität des Klassifikators aufgetragen. Dabei werden die beiden folgenden identifizierten sensitiven Parameter variiert:

■ Anzahl der Nachbarn und

■ Gewichtung der Abstände

Die Komplexität des KNN-Klassifikators ist mit $\xi \propto \frac{1}{k}$ umso größer je kleiner die Anzahl der Nachbarn ist. Daher wird die Komplexität ξ als inverser
Wert der Anzahl an Nachbarn k dargestellt.

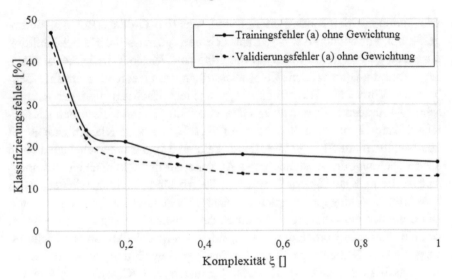

Abbildung 5.5: Klassifizierungsfehler in Abhängigkeit der Komplexität für Variationsdurchgang (a)

Die Abbildung 5.5 zeigt den Variationsdurchlauf (a), in welchem die Klassifizierungsfehler der Trainingsmatrix (durchgezogene Kurve) und der Validierungsmatrix (gestrichelte Kurve) über der Komplexität aufgetragen sind.
Es wird die euklidische Abstandsmetrik ohne Gewichtung der Abstände
verwendet. Die sinkende Komplexität wird durch die Erhöhung der Anzahl
an Nachbarn von $k = 1$ bis $k = 100$ erreicht. Mit steigender Komplexität
nimmt der Klassifizierungsfehler sowohl der Trainingsmatrix als auch der
Validierungsmatrix ab. Der Klassifizierungsfehler der Validierungsmatrix
liegt durchweg unterhalb des Fehlers der Trainingsmatrix. Das bedeutet, dass
dieser Klassifikator eine gute Generalisierbarkeit aufweist. Tabelle 5.5 gibt

eine Übersicht über die Klassifizierungsfehler bei steigender Anzahl an Nachbarn. Die Variationsdurchgänge (b) und (c) unterscheiden sich zu (a) in der Gewichtung der Abstände. In (b) wird eine inverse Gewichtung und in (c) eine quadratische inverse Gewichtung bei euklidischer Abstandsmetrik angenommen.

Tabelle 5.5:   Übersicht der Klassifizierungsfehler bei Variationsdurchgang (a)

Klassifizierungsfehler [%] Training | Validierung		Anzahl Nachbarn	Abstands-metrtik	Abstands-gewichung
16,2	12,9	1	euklidisch	equal
18,1	13,6	2	euklidisch	equal
17,7	15,7	3	euklidisch	equal
21,1	17,1	5	euklidisch	equal
23,9	22,0	10	euklidisch	equal
47	44,4	100	euklidisch	equal

In Abbildung 5.6 stellt die schwarze durchgezogene Kurve den Verlauf des Klassifizierungsfehlers der Trainingsmatrix und die schwarze gestrichelte Kurve den der Validierungsmatrix für den Variationsdurchgang (b) dar. Die graue durchgezogene Kurve der Trainingsmatrix und graue gepunktete Kurve der Validierungsmatrix zeigen die Ergebnisse des Variationsdurchlaufs (c). Der Unterschied zwischen inverser Gewichtung und quadratischer inverser Gewichtung kommt aufgrund der Quadrierung des Abstands erst bei einer größeren Anzahl an Abständen bzw. Nachbarn, also für $k > 2$ bzw. $\xi < 0,5$, zur Geltung. Sowohl die inverse Gewichtung als auch die quadratische inverse Gewichtung können den Anstieg des Klassifizierungsfehlers bei geringer Komplexität ξ bzw. großer Anzahl an k Nachbarn kompensieren. Bei großer Anzahl an Nachbarn mit $k = 100$ ist der Klassifizierungsfehler bei der Validierungsmatrix mit quadratischer inverser Abstandsgewichtung

7,7 % geringer als bei der vergleichbaren Validierungsmatrix des Klassifikators mit einfacher inverser Abstandsgewichtung. Die Klassifikatoren mit inverser Abstandsgewichtung sind für die Klassifikationsaufgabe besser geeignet, da die Komplexität bei gleichbleibendem Klassifizierungsfehler reduziert werden kann. Dadurch kann die Generalisierbarkeit des Klassifikators gesteigert werden ohne Einbußen bei der Güte in Kauf nehmen zu müssen.

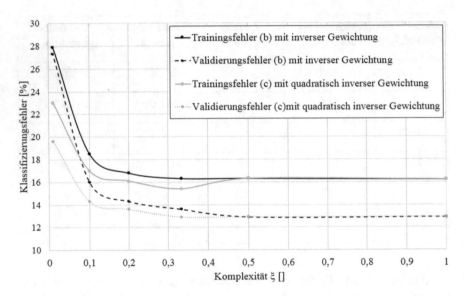

Abbildung 5.6: Klassifizierungsfehler in Abhängigkeit der Komplexität für die Variationsdurchgänge (b) und (c)

Der KNN mit quadratischer inverser Gewichtung der Abstände zeigt bei steigender Anzahl an Nachbarn k den geringsten Anstieg an Fehlklassifizierungen. Bei $k = 3$ ist der Klassifizierungsfehler sowohl der Trainingsmatrix als auch der Validierungsmatrix am geringsten.Daher wird dieser für die Aufgabenstellung verwendet und mit diesen Parametern im Lern-Modul gespeichert.

Die Abbildung 5.7 zeigt die Wahrheitsmatrix des gewählten Klassifikators. Anhand der diagnonalen Felder ist zu sehen, dass alle Kategorien mit einer hohen Güte zugeordnet werden können. Die einzige Ausnahme ist die Kategorie „Software (Update)". Bei dieser liegt die Klassifizierungsgüte lediglich bei 25 %. Das ist darauf zurückzuführen, dass in der Trainingsmatrix nur 4 Einträge aus dieser Kategorie vorhanden sind. Diese geringe Anzahl ist nicht ausreichend um den Klassifikator ausreichend zuverlässig zu trainieren.

True Class	Folgefehler (HW)	Folgefehler (SW)	Hardware	Hinweis/Warnung	Konfiguration (Bauteil)	Konfiguration (fehlendes Teil)	Kontaktierung	Software (Diagnose)	Software (Funktion)	Software (Update)
Folgefehler (HW)	73%	4%	2%	2%			11%	4%	5%	
Folgefehler (SW)	1%	86%	5%	1%		1%	1%	3%	2%	
Hardware	<1%	7%	83%		2%	5%		<1%	2%	<1%
Hinweis/Warnung	3%	<1%	<1%	95%					<1%	
Konfiguration (Bauteil)					100%					
Konfiguration (fehlendes Teil)	4%	4%	30%			63%				
Kontaktierung	22%	14%	3%	2%		2%	54%		3%	
Software (Diagnose)	4%	1%	1%	1%				90%	2%	
Software (Funktion)	2%	2%	1%	1%				3%	90%	1%
Software (Update)	25%								50%	25%

Predicted Class

Abbildung 5.7: Wahrheitsmatrix des KNN-Klassifikators mit k=3 und quadratischer Abstandsgewichtung im Variationsdurchgang (c)

Die Verbesserung des Modells ist möglich, indem diese Kategorie mit einer anderen ähnlichen Kategorie zusammengefasst wird oder mehr Fälle auftreten, in welchen die Fehlerursache „Software (Update)" identifiziert wird und diese zur Trainingsmatrix hinzugefügt werden können. Letzteres ist vorteilhafter, da diese Kategorie grundsätzlich wichtig ist. Sie liefert einen wertvollen Anhaltspunkt für den Fall eines unvollständigen Updateprozesses und kann mit wachsender Fallanzahl durch den Klassifikator besser zugeordnet werden.

5.2.5 Überprüfung Overfitting

Um ein Overfitting zu überprüfen, muss der KNN-Klassifikator nochmals trainiert werden. Dieses Mal jedoch ohne Kreuzvalidierung, da dies zum Schutz vor Overfitting eingesetzt wird.

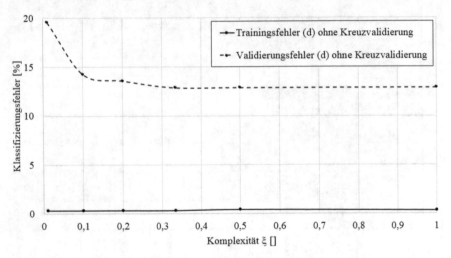

Abbildung 5.8:   Klassifizierungsfehler in Abhängigkeit der Komplexität

Dieser wird mit Variationsdurchgang (d) bezeichnet, dabei werden die gleichen Parameter gewählt wie beim Variationsdurchgang (c). Die Abbildung 5.8 zeigt mit der durchgezogenen Kurve den Verlauf für die Trainingsmatrix. Der Klassifizierungsfehler bleibt, wie zu erwarten war, selbst bei kleiner Komplexität ξ gering. Das bedeutet, dass der Klassifikator sich den Trainingsdaten ideal anpasst. Die Folge dieser Überanpassung ist, dass der Prozentsatz an Fehlklassifizierungen der für den Klassifikator unbekannten Validierungsmatrix (schwarzer gestrichelter Kurvenverlauf) deutlich größer ist. So ergibt sich, dass der Klassifizierungsfehler der Trainingsdaten bei $k = 1$ um 12,6 % geringer ist als der Fehler der Valdierungsdaten. Wird der Klassi-

fikator mit Kreuzvaldierung trainiert, wie in den Variationsdurchgängen (a) -
(c), ist der Klassifizierungsfehler der Trainingsdaten für $k = 1$ um 3,3 %
schlechter als der Fehler der Validierungsdaten. Das bedeutet, dass bei Training mit aktiver Kreuzvalidierung der Klassifikator gut gegen Überanpassung geschützt wird. Diese Untersuchung zeigt, dass bei der zur Verfügung
stehenden Datenmenge kein Overfitting zu befürchten ist. Wie in Abschnitt
3.5.4 beschrieben und in Abbildung 3.18 dargestellt, ist Overfitting daran zu
erkennen, dass bei steigender Komplexität der Klassifizierungsfehler der
Trainingsdaten sinkt, während dieser bei den Validierungsdaten wieder an-
steigt. Wie in Abbildung 5.8 zu sehen ist, sind zu wenige Daten vorhanden
um mit dem komplexesten Nearest Neighbor-Klassifikator ($k = 1$) einen
überangepassten Klassifikator zu erhalten. Ein Overfitting wäre bei einer
Komplexität von $\xi > 1$ zu erwarten. Dies bedeutet im Umkehrschluss, dass
die Anzahl der Nearest Neighbor auf $k < 1$ gesetzt werden müsste. Da die
$k = 1$ die kleinstmögliche Anzahl an Nachbarn ist, wird dieser Bereich nicht
erreicht. Im produktiven Prozess muss die Überprüfung von Overfitting immer wieder durchgeführt werden. Durch die Erweiterung der Trainingsmatrix
um neue gelöste Fehlerfälle wächst die Datenmenge stetig an. Im Laufe der
Zeit wird die Trainingsmatrix im Verhältnis deutlich mehr Fehlerfälle (Zeilen) als Umgebungsdatenlabels (Spalten) haben. Dies führt dazu, dass der
Klassifikator beim Trainieren gegen Overfitting geschützt werden muss.

5.3 Konzeptbewertung

Das hier vorgestellte Konzept wird mit den Diagnosesystemen von Müller
und Krieger verglichen [7, 20]. Der Fokus beider Systeme liegt auf der Diagnose von Reparaturfällen in den Fahrzeugwerkstätten und nicht in der Entwicklung. Dennoch sind es zwei moderne Diagnosesysteme, welche eine
schnelle effiziente Fehlersuche bei Serienfahrzeugen und einer bereits beschriebenen validierten Fehlerdiagnose ermöglichen sollen.

Das von Müller entwickelte Diagnosesystem Neucus ist ein auf Basis von
neuronalen Netzen aus erfolgreichen Reparaturfällen selbständig lernendes
System. Es ist in der Lage abhängig von Fehlersymptomen in Form von DTC

und Kundenbeanstandungen Ersatzteile sowie Reparaturhandlungen vorzuschlagen. Diese Vorschläge werden aufgrund von Ähnlichkeitserkennung
von Reparaturfällen bei ähnlichen Fahrzeugen mit ähnlichen Symptomen aus
der Vergangenheit bestimmt. Das geschieht ohne jegliches Wissen über den
Aufbau oder die Vernetzung des Fahrzeugs.

FiDis (Fahrzeugindiviuelles Diagnosesystem) ist von Krieger für die Diagnose elektrischer Systeme entwickelt worden. Dabei wird zur Laufzeit ein
Bayessches Netz auf Basis des vollständigen Fahrzeugbordnetzes aufgebaut,
welches die Fehlerwahrscheinlichkeiten aller elektrischen Komponenten
berechnen kann. Die Symptome werden mit den Fehlerzuständen i.O. und
n.i.O. logisch verknüpft und damit Wirkketten für alle potentiell möglichen
Fehlersymptome dargestellt.

Die Bewertung des neuen Konzepts erfolgt durch den Vergleich mit den
zwei Diagnosesystemen von Müller und von Krieger. Die Bewertung wird
anhand von Kriterien, deren Definition angelehnt ist an die in der Konzeptbewertung von Müller und Krieger verwendeten, durchgeführt [7, 20]. Diese
wird jedoch mit dem Fokus auf den Einsatz in der Fahrzeugentwicklung
angepasst und auf diese drei Haupt-Kriterien inklusive 12 Unterkriterien be-
schränkt.

- Anwendbarkeit/Einsatzbereich
  elektrische/mechanische Fehler, Kundendienstwerkstatt, Fahrzeug-
  produktion, Fahrzeugentwicklung

- Technische Machbarkeit
  Anzahl benötigter Daten, Verfügbarkeit notwendiger Daten, Notwendigkeit zusätzlicher Geräte, Verwendung vorhandener Daten

- Leistungsfähigkeit
  Trefferquote, Differenzierbarkeit, Variantenvielfalt, Erweiterbarkeit und
  Skalierbarkeit

Die Kriterien werden einzeln nach einem dreistufigen Bewertungsschema
beurteilt. Die Stufen mit der jeweiligen Beschreibung sind in Tabelle 5.6
dargestellt.

Tabelle 5.6: Bewertungsschema mit Beschreibung

Bewertung	Beschreibung
+	Das neue Konzept ist besser ggÜ. Neucus oder FiDis
0	Das neue Konzept ist vergleichbar mit Neucus oder FiDis
–	Das neue Konzept hat Schwächen ggÜ. Neucus oder FiDis

Die Übersicht des Vergleichs des neuen Konzepts mit den Diagnosesystemen Neucus und FiDis zeigt Tabelle 5.7.

Tabelle 5.7: Bewertung des neuen Konzepts gegenüber Neucus und FiDis

Kriterium	Beschreibung	Neucus	FiDis
Anwendbarkeit und Einsatzbereich			
Fehlerarten	Alle Fehlerarten, welche durch einen DTC angezeigt werden, diagnostizierbar.	0	+
Kunden-dienstwerkstatt	Es werden keine Prüfanweisungen für den Werkstattmitarbeiter gegeben.	–	–
Fahrzeug-produktion	Es werden keine Prüfanweisungen gegeben.	–	–
Fahrzeug-entwicklung	Angabe von Fehlerursachen zur Identifikation des fehlerverantwortlichen Entwicklers.	+	+
Technische Machbarkeit			
Anzahl benötigter Daten	Es werden deutlich weniger Daten für ein einsatzbereites System benötigt.	+	+
Verfügbarkeit notw. Daten	Es stehen alle notwendigen Daten zur Verfügung.	0	0
Verwendung vorhandener Daten	Es sind viel weniger Daten ausreichend.	+	+

Kriterium	Beschreibung	Neucus	Fidis
Leistungsfähigkeit			
Trefferquote	Alle Systeme erreichen bzgl. ihrer Frage-stellung eine gute Trefferquote.	0	0
Differenzier-barkeit	Differenzierbarkeit ist durch die 10 festge-legten Kategorien eingeschränkt.	0	0
Variantenvielfalt	Das System kann mit der Variantenvielfalt gut umgehen.	0	0
Übertragbarkeit	Übertragbarkeit auf neue Projekte bei Über-setzung Umgebungsdatenlabel gegeben.	0	–

Anwendbarkeit und des Einsatzbereichs

Die Bewertung des Einbereichs zeigt deutlich den Unterschied zwischen dem Zieleinsatzgebiet der Systeme Neucus bzw. FiDis und dem des neuen Konzepts der agilen ganzheitlichen Diagnose-Korrelationsstruktur. Das Ziel von Neucus und FiDis ist es die richtigen Reparaturhandlungen bzw. den Tausch von Komponenten schneller vorzuschlagen und die Fehlersuchzeit dabei zu verringern. Dabei geben sie enstprechend zu den Fehlercodes und den Symptomen Prüfanweisungen, welche die zu tauschende Komponente identifizieren sollen. Damit soll sowohl der Tausch von unnötigen Komponenten vermieden werden als auch Werkstattaufenthalte und die damit verbundenen Reparaturkosten reduziert werden. Das Ziel des Konzepts der Diagnose-Korrelationsstruktur dagegen ist die Fehlerursache sowohl in Komponenten als auch in der Software von Fahrzeugsystemen schnell zu identifizieren. Damit kann durch einfacheres Zuordnen des Fehlerfalls zum fehlerverantwortlichen Entwickler während der Fahrzeugentwicklung schneller ein höherer Reifegrad des Fahrzeugsystems erreicht werden. Beispielsweise kann die Fehleranalyse genutzt werden um Folgefehler, welche noch nicht in der Inhibit-Matrix eingetragen sind, zu identifizieren und diese nachzupflegen.

Technische Machbarkeit

Die Bewertung der technischen Machbarkeit sagt aus, mit welchem Aufwand das System eingesetzt werden kann. Die Stärke des neuen Systems ist die Eignung für eine deutlich geringere Anzahl an Daten. So benötigt Neucus 10.000 Falldaten für eine Evaluierungsquote von 88 % und erreicht mit 500 Fällen lediglich ca. eine Quote 58 % [7]. Das neue Konzept erreicht bereits mit 1455 Fällen eine Güte von 83 %. Bei FiDis sind die elektrischen Schaltpläne der Bordnetz-Varianten und der Verbauzustand der Fahrzeuge in Form einer elektrischen Strukurbeschreibung Voraussetzung. Alle Systeme wurden so entwickelt, dass weder zusätzliche Geräte noch zusätzliche Daten benötigt werden.

Leistungsfähigkeit

Die Leistungsfähigkeit gibt an, wie gut das System den Anwender bzgl. der jeweiligen Fragestellung unterstützt. Hierbei bezeichnet die Trefferquote die Anzahl der korrekten Vorschläge des Diagnosesystems. Alle drei Systeme haben eine hohe Trefferquote. Die Differenzierbarkeit dagegen ist nur so detailliert, wie die Detaillierung der dem System eingangs gegebenen Lösungen bzw. Kategorien. Die Variantenvielfalt stellt für keines der Systeme eine Herausforderung dar. Das neue Konzept kann gut mit der Variantenvielfalt umgehen, da es, sofern relevante Unterschiede zwischen den Varianten auftreten, diese in der Trainingsmatrix erkennt.

Die Bewertung der Übertragbarkeit sagt aus, wie gut die Systeme auf neue Fahrzeugprojekte übertragen werden können. Die Übertragbarkeit bei FiDis wird durch die Notwendigkeit der elektrischen Strukturbeschreibung für jedes individuelle Fahrzeug eingeschränkt.

Bei Neucus können die alten Fallbasen bei neuen ähnlichen Projekten verwendet werden bis neue Falldaten gesammelt worden sind. Das neue Konzept kann auf neue Fahrzeugprojekte übertragen werden, sofern die Umgebungsdatenlabels des neuen Steuergeräts auf die Labelnamen des trainierten Steuergeräts übersetzt wurden. Dies stellt auch eine Einschränkung dar, weshalb alle drei Systeme diesbezüglich gleichwertig sind. Die Konzeptbewertung bestätigt die Wahl einer Struktur-überprüfenden Analysemethode als Kern des Diagnosesystems für die Fahrzeugentwicklungsphase. In dieser

Phase haben die Entwickler das Ziel, mit der Fehlerdiagnose zuverlässig und schnell die Fehlerursachen einzugrenzen und damit den fehlerverantwortlichen Entwickler zu identifizieren.

Wie schon in Abschnitt 2.3.2 beschrieben, sind hier deutlich weniger Daten vorhanden und es wird ein anderes Ziel verfolgt als im Kundendienst bzw. im Service. Ein Neuronales Netz benötigt, wie in Abschnitt 2.2.4 zusammengefasst, eine große Anzahl an Falldaten und ist nicht in der Lage die Daten im Vorfeld definierten Kategorien zuzuordnen.Das Bayessche Netz benötigt ebenfalls eine große Fallzahl zur Berechnung der Eintrittswahrscheinlichkeiten. Der Klassifikator dagegen kann bereits mit einer deutlich kleineren Fallzahl sehr gute Resultate liefern und ist daher für den Einsatz im Entwicklungsumfeld hervorragend geeignet.

5.4   Grenzen des Klassifikators

Auch ein Klassifikator hat seine Grenzen bzgl. der notwendigen Datenmenge. Wird die Anzahl der Trainingsfälle reduziert, nimmt auch die maximal erreichbare Güte des Klassifikators ab. Werden beispielsweise nur 50 % der Fehlerfälle aus der Gesamtmatrix verwendet, so liegt die Gesamtgüte des Klassifikators mit $k = 3$, euklidischem Abstandsmaß und quadratisch gewichteten Abständen immer noch bei 82 %. Die Güte der einzelnen Kategorien wird jedoch schlechter, wie auch in der Abbildung 5.9 in der Wahrheitsmatrix zu sehen ist.

Es hat jedoch nicht nur die Anzahl der Fehlerfälle je Kategorie einen Einfluss auf die Güte des Klassifikators, sondern auch die Charakteristik ihrer Umgebungsdatenwerte. Dies ist gut zu erkennen, wenn die Anzahl an Trainingsfällen auf 30 % reduziert wird. In diesem Fall ist die Güte des Klassifikators mit 79,5 % immer noch sehr gut.

True Class	Folgefehler (HW)	Folgefehler (SW)	Hardware	Hinweis/ Warnung	Konfiguration (Bauteil)	Konfiguration (fehlendes Teil)	Kontaktierung	Software (Diagnose)	Software (Funktion)	Software (Update)
Folgefehler (HW)	68%	6%		2%			14%	6%	5%	
Folgefehler (SW)	2%	82%	6%	2%		1%	1%	3%	4%	
Hardware	1%	4%	85%			4%	1%	1%	1%	1%
Hinweis/ Warnung	3%	4%		93%						
Konfiguration (Bauteil)			33%		50%			17%		
Konfiguration (fehlendes Teil)		6%	41%			41%				12%
Kontaktierung	23%	3%	3%	3%		2%	70%			
Software (Diagnose)	2%	2%	2%	2%				87%	7%	
Software (Funktion)	6%	5%	1%	1%				4%	81%	1%
Software (Update)									50%	50%

Predicted Class

Abbildung 5.9: Wahrheitsmatrix mit 50 % der Trainingsfälle

Bei der Betrachtung der Wahrheitsmatrix in der Abbildung 5.10 fällt allerdings auf, dass die beiden Kategorien „Konfiguration (fehlendes Teil)" und „Software (Update)" nicht mehr korrekt durch den Klassifikator zugeordnet werden können. Die Kategorie „Software (Update)" ist nur noch einmal in der Trainingsmatrix enthalten und die Kategorie „Konfiguration (fehlendes Teil)" nur fünfmal. Die Kategorie „Konfiguration (Bauteil)" kann durch den Klassifikator mit einer Güte von 57 % korrekt zugeordnet werden, obwohl dieser lediglich sechsmal in der Trainingsmatrix vorhanden ist. Das bedeutet, dass die Aussagekraft der Umgebungsdatenwerte der Fehlerfälle in dieser Kategorie so groß ist, dass der Klassifikator selbst mit dieser geringen Anzahl an Trainingsdaten diese gut identifiziert.

True Class \ Predicted Class	Folgefehler (HW)	Folgefehler (SW)	Hardware	Hinweis/ Warnung	Konfiguration (Bauteil)	Konfiguration (fehlendes Teil)	Kontaktierung	Software (Diagnose)	Software (Funktion)	Software (Update)
Folgefehler (HW)	43%	3%	3%	3%			20%	20%	9%	
Folgefehler (SW)	1%	70%	5%	4%			1%	8%	4%	
Hardware		7%	80%		1%	4%		1%		
Hinweis/ Warnung		4%		91%				3%	1%	
Konfiguration (Bauteil)			17%		57%			17%		
Konfiguration (fehlendes Teil)		20%	80%							
Kontaktierung	8%						85%	6%		
Software (Diagnose)	6%							89%	6%	
Software (Funktion)	9%	2%	2%	4%					6%	78%
Software (Update)	100%									

Abbildung 5.10: Wahrheitsmatrix mit 30 % der Trainingsfälle

Zusammenfassend lässt sich festhalten, dass sowohl die Anzahl zur Verfügung stehender Fehlerfälle als auch die Fallanzahl je Kategorie sowie die Charakteristik der Umgebungsdatenwerte die Grenzen des Klassifikators bestimmen. Daher ist die Angabe einer Mindestmenge an Falldaten pauschal nicht möglich.

6 Zusammenfassung und Ausblick

6.1 Zusammenfassung

Sowohl Ursprung als auch Motivation für diese Arbeit ist die Frage *„Wie muss ein Diagnosesystem geartet sein, damit die Analyse von Fehlerursachen bereits während der Entwicklungphase zuverlässig durchgeführt werden kann?"*. Die Identifizierung der Fehlerursachen hat während der Fahrzeugentwicklung eine große Bedeutung. Es ist wichtig eine Unterscheidung zwischen Fehlern bedingt durch Entwicklungsphasen bzw. Entwicklungsreife und freigaberelevanten Fehlern machen zu können.

Zur Beantwortung der Frage wird in dieser Arbeit ein neuartiges Konzept vorgestellt, welches eine detaillierte Ursachenkategorisierung von Fehler speichereinträgen ermöglicht. Dafür werden zunächst in einem initialen Analyseprozess die zur Verfügung stehenden gelösten Fehlerfälle eines Powertrainprojekts samt ihrer Metadaten aufbereitet. Dazu gehören die Behandlung der textuellen Fehlerkommentare der Entwickler sowie die Einführung einer Kategorisierung anhand dieser Kommentare. Anschließend wird ein Klassifikator trainiert, welcher die Zuordnung zu den Kategorien anhand der Fehlerumgebungsdaten der Fehlerfälle durchführt. Dabei wird die Ähnlichkeit der Umgebungsdatenwerte mithilfe mathematischer Ähnlichkeitsmaße bestimmt. Nach einer Sensitvitätsbewertung werden die empfindlichen Parameter des Klassifikators variiert, um die optimale Güte zu ermitteln. Zudem wird eine Überprüfung bzgl. Overfitting durchgeführt um eine möglichst hohe Generalisierbarkeit des Klassifikators sicherzustellen. Die Überprüfung hat gezeigt, dass die Gefahr des Overfittings erst bei größeren Datensätzen besteht. Der trainierte Klassifikator kann im produktiven Analyseprozess eingesetzt werden, um ungelöste Fehlerspeichereinträge zu kategorisieren. Sind dabei die Umgebungsdatenlabels des neuen Fehlerspeichereintrags dem Klassifikator nur teilweise bekannt, kann mit dem reduzierten Umgebungsdatenlabelset eine Voranalyse durchgeführt werden. Nach Bestätigung der Kategorie durch den Entwickler kann der Trainingsdatensatz des

Klassifikators erweitert werden. Der produktive Analyseprozess bewirkt, dass der Klassifikator kontinuierlich erweitert wird und somit lernt. Die gelösten Fehlerfälle werden mit weiteren wichtigen Metadaten in der Diagnose-Korrelationsstruktur gespeichert. Diese gibt eine gute Übersicht über den Reifegrad des betrachteten Powertrainprojektes. Der praktische Nachweis in Kapitel 5 zeigt, dass es mit einer geringen Anzahl an gelösten Fehlerfällen möglich ist einen Klassifikator so zu trainieren, dass dessen Güte über 80 % liegt. Bei der Auswahl des Trainingsdatensatzes ist allerdings darauf zu achten, dass in diesem je Kategorie eine ausreichende Anzahl an Fehlerfällen vorhanden sein muss um einen zuverlässigen Klassifikator zu erhalten. Das Konzept des neuen Diagnosesystems für den Einsatz in der Fahrzeugentwicklung geht einher mit der Einführung von sechs Hauptkategorien und insgesamt sieben Unterkategorien zur Einordnung der Fehlerursachen. Im aktuellen Fehlerabstellprozess werden die zwei Hauptkategorien „Software" und „Hardware" verwendet, welcher die Fehlerspeichereinträge erst nach abgeschlossener Analyse zugeordnet werden. Die Identifizierung des für den Fehlerfall verantwortlichen Entwicklers ist daher während der Analyse eine langwierige Prozedur. Durch das neue Diagnosesystem wird es möglich die Fehlerspeichereinträge nach der Zurodnung zur Fehlerkategorie den verantwortlichen Entwicklern schneller zuzuweisen. So wird es möglich eine raschere und zielsichere Fehlerursachenanalyse durchzuführen und die Wirksamkeitsüberprüfungen der Korrekturmaßnahmen früher abzuschließen. Dadurch kann die Entwicklung von Hard- und Software in der gestrafften Entwicklungszeit effizienter erfolgen, Iterationsstufen können wegfallen und die Fahrzeugdiagnose weist bereits zum SOP einen deutlich größeren Reifegrad auf. So wird die immer komplexer werdende Entwicklung wieder beherrschbar, die Entwicklungszeit verkürzt und damit können letztlich auch Kosten eingespart werden.

6.2   Ausblick

Für den Einsatz dieses neuen Konzepts ist eine Prozessanpassung in den Entwicklungsabteilungen notwendig. Die in dieser Arbeit festgelegten Kategorien müssen bei der Fehleranalyse eingesetzt werden. Zur Quantifizierung der Verbesserung der Fehleranalyse auch bzgl. Kosteneinsparungen wird eine Auswertung nach der Erhebung unter Berücksichtigung der Faktoren Zeit und Kosten empfohlen. Außerdem ist eine Vereinheitlichung der Fehlerkommentare hilfreich. Die Aufbereitung des Datensatzes gelöster Fehlerfälle hat gezeigt, dass es häufig unterschiedliche Namensgebungen für gleiche Daten gibt. So heißt beispielsweise im Umgebungsdatensatz A die Fahrzeuggeschwindigkeit vehv_v und im Datensatz B veh_spd. Daher ist eine weitere Untersuchung zur Zusammenfassbarkeit der Umgebungsdatenlabels sinnvoll. Es ist zu erwarten, dass einige Umgebungsdaten zusammengefasst werden können und damit die Besetzung der Matrix, und somit auch die Güte des Klassifikators erhöht werden kann. Die Übertragung des Klassifikators auf andere funktionsgleiche Steuergeräte ist grundsätzlich damit möglich. Dabei muss jedoch eine weitere Herausforderung, die Übersetzung bzw. Umrechnung der Umgebungsdatenlabel des neuen Steuergeräts auf die vorhandenen Umgebungsdatenlabels der Trainingsmatrix, gelöst werden. Ansätze für eine solche Übersetzungsstruktur für verschiedene Steuergeräte mithilfe von Multi-Agenten Systemen beschreibt Azarian in seinen Arbeiten [48, 72–74]. Eine Integration dieser Systeme in die vorgestellte Methode erscheint überaus vielversprechend für den baureihenübergreifenden Einsatz verschiedenster Entwicklungsprojekte.

Literaturverzeichnis

[1]   F. Kramer, *Passive Sicherheit von Kraftfahrzeugen,* 2nd ed.: Vieweg+ Teubner Verlag, 2006.

[2]   C. Sankavaram, A. Kodali, K. R. Pattipati, and S. Singh, "Incremental Classifiers for Data-Driven Fault Diagnosis Applied to Automotive Systems," *IEEE Access,* vol. 3, pp. 407–419, 2015.

[3]   K. Dellios, C. Patsakis, and D. Polemi, "Automobile 2.0: Reformulating the Automotive Platform as an IT System," *IT Pro,* 2016.

[4]   F. Dipl.-Ing. Knothe, J. Dipl.-Wirtsch.-Ing. (FH) Mast, and M. Dipl.-Wirtsch.-Ing. M.Sc. Böttger, "Die neue CL-Klasse von Mercedes-Benz," *ATZ,* no. 10/2006, pp. 800–813, 2006.

[5]   F. Dipl.-Journ. Hoberg, "Stau auf der Datenautobahn," *ATZ,* vol. 118., 8-13, 2016.

[6]   P. Kenning and D. Markgraf, *Gabler Wirtschaftslexikon, Stichwort: After-Sales-Service.* [Online]Available:http://wirtschaftslexikon.gabler.de/Archiv/55435/after-sales-service-v7.html. Accessed on: Jan. 19 2018.

[7]   Tobias Carsten Müller, "Neuronale Modelle zur Offboard-Diagnostik in komplexen Fahrzeugsystemen," Dissertation, Fakultät für Elektrotechnik, Informationstechnik, Physik, Technischen Universität Carolo-Wilhelmina, Braunschweig, 2011.

[8]   O. Krieger, A. Breuer, K. Lange, T. Müller, and T. Form, "Wahrscheinlichkeitsbasierte Fahrzeugdiagnose auf Basis individuell generierter Prüfabläufe," *Mechatronik 2007 – Innovative Produktentwicklung,* 2007.

[9]   F.A. Brockhaus AG Mannheim F.A. Brockhaus GmbH, Ed., *Brockhaus Enzyklopädie in 30 Bänden.* Leipzig: Bibliographisches Institut und F.A. Brockhaus AG, 2006.

[10] Marc Stephan Krützfeldt, "Verfahren zur Analyse und zum Test von Fahrzeugdiagnosesystemen im Feld," Dissertation, Institut für Verbrennungsmotoren und Kraftfahrwesen, Stuttgart, 2015.

[11] J. M. Kohl, "Effiziente Diagnose von verteilten Funktionen automobiler Steuergeräte," Dissertation, Fakultät für Informatik, Technische Universität München, München, 2011.

© Springer Fachmedien Wiesbaden GmbH, ein Teil von Springer Nature 2018
B. Krausz, *Methode zur Reifegradsteigerung mittels Fehlerkategorisierung von Diagnoseinformationen in der Fahrzeugentwicklung,* Wissenschaftliche Reihe Fahrzeugtechnik Universität Stuttgart, https://doi.org/10.1007/978-3-658-24018-9

[12] R. Brignolo, F. Cascio, L. Console, and P. Dague, "Integration of Design and Diagnosis into a Common Process," *Electronic Systems for vehicles*, 2001.

[13] *Road vehicles — Implementation of World-Wide Harmonized On-Board Diagnostics (WWH-OBD) communication requirements-Part 1: General information and use case definition*, 27145-1, 2012.

[14] *Road vehicles — Implementation of World-Wide Harmonized On-Board Diagnostics (WWH-OBD) communication requirements — Part 2: Common data dictionary*, 27145-2, 2012.

[15] *Road vehicles — Implementation of World-Wide Harmonized On-Board Diagnostics (WWH-OBD) communication requirements- Part 3: Common message dictionary*, 27145-3, 2012.

[16] *Road vehicles — Implementation of World-Wide Harmonized On-Board Diagnostics (WWH-OBD) communication requirements — Part 4: Connection between vehicle and test equipment*, 27145-4, 2016.

[17] *Road vehicles — Implementation of World-Wide Harmonized On-Board Diagnostics (WWH-OBD) communication requirements — Part 6: External test equipment*, 27145-6, 2015.

[18] *Road vehicles — Communication between vehicle and external equipment for emissions-related diagnostics— Part 5: Emissions-related diagnostic services*, 15031-5, 2011.

[19] J. Schäuffele and T. Zurawka, Eds., *Automotive Software Engineering: Grundlagen, Prozesse, Methoden und Werkzeuge effizient einsetzen,* 5th ed.: Springer Vieweg, 2013.

[20] O. Krieger, "Wahrscheinlichkeitsbasierte Fahrzeugdiagnose mit individueller Prüfstrategie," Dissertation, Fakultät für Elektrotechnik, Informationstechnik, Physik, Technischen Universität Carolo-Wilhelmina, Braunschweig, 2011.

[21] *Highspeed CAN (HSC) for Passenger Vehicle Applications*, SAE J2284, 2001.

[22] *Road vehicles — Unified diagnostic services (UDS) — Part 1: Specification and requirements*, 14229-1, 2013.

[23] W. Zimmermann and R. Schmidgall, *Bussysteme in der Fahrzeugtechnik: Protokolle, Standards und Softwarearchitektur,* 5th ed. Wiesbaden: Springer Vieweg, 2014.

[24] emotive GmbH & Co. KG, *Transport- und Diagnoseprotokolle*. [Online] Available: https://www.emotive.de/index.php/de/doc/car-diagnostic-systems/protocols. Accessed on: Dec. 19 2017.

[25] U. Rokosch, *On-Board-Diagnose*.

[26] SAE J2012, "Diagnostic Trouble Code Definitions," 2007.

[27] *Road vehicles — Communication between vehicle and external equipment for emissions-related diagnostics — Part 6: Diagnostic trouble code definitions*, 15031-6, 2015.

[28] F. Puppe, *Einführung in Expertensysteme*: Springer, 1991.

[29] G. Görz, C.-R. Rollinger, and J. Schneeberger, Eds., *Handbuch der künstlichen Intelligenz*: Oldenburg Verlag, 2000.

[30] E. H. Shortlife, *Computer-Based Medical Consultations: MYCIN*: Published by North-Holland, Amsterdam and N.Y., 1976.

[31] Ralph Bergmann, Klaus-Dieter Althoff, Sean Breen, Mehmet Göker, Michel Manago, Ralph Traphöner, and Stefan Wess, *Developing Industrial Case-Based Reasoning Applications*. Berlin, Heidelberg: Springer, 2003.

[32] Wen, Z., et al., *Case Base Reasoning in Vehicle Fault Diagnostics: Proceedings of the International Joint Conference on Neural Networks 2003*. Piscataway, NJ: IEEE Service Center, 2003.

[33] P. Struss, "A Model-Based Methodology For The Integration Of Diagnosis And Fault Anaylsis During The Entire Life Cycle," Technische Universität Munich and OCC'M Software GmbH, 2006.

[34] R. Isermann, "Model-based fault-detection and diagnosis – status and applications," Annual Reviews in Control, 2005.

[35] F. Wotawa and M. Stumptner, "Modellbasierte Diagnose - Überblick und technische Anwendung," *e&i Eletkrotechnik und Informationstechnik*, vol. 118, 2001.

[36] U. Kjaerulff and A. Madsen, "Probabilistic Networks — An Introduction to Bayesian Networks and Influence Diagrams," Department of Computer Science Aalborg University,, 2005.

[37] Finn V. Jensen, Thomas D. Nielsen, *Bayesian Networks and Decision Graphs*. New York: Springer, 2007.

[38] S. Lüke, *Dezentraler Ansatz für dynamische und mechatronische Systeme*. Dissertation. Aachen: Shaker Verlag, 2004.

[39] Huang Y. and et al, "Bayesian Belief Network Based Fault Diagnosis in Automotive Electronic Systems," *AVEC*, 2006.

[40] David Kriesel, *Ein kleiner Überblick über Neuronale Netze.* [Online] Available: http://www.dkriesel.com/science/neural_networks.

[41] H. Tang, K. C. Tan, and Z. Yi, *Neural Networks: Computational Models and Applications.* Berlin, Heidelberg: Springer, 2007.

[42] R. Rojas, *Theorie der neuronalen Netze: Eine systematische Einführung.* Berlin, Heidelberg: Springer, 1993.

[43] Uwe Lämmel and Jürgen Cleve, *Künstliche Intelligenz.* München: Carl Hanser Verlag München, 2012.

[44] T. C. Müller, "Neuronale Modelle zur Offboard-Diagnostik in komplexen Fahrzeugsystemen," *Springer - Künstliche Intelligenz*, vol. 26, no. 3, pp. 293–296, 2012.

[45] L. Gusig and Kruse, A., u.a., *Fahrzeugentwicklung im Automobilbau: Aktuelle Werkzeuge für den Praxiseinsatz.* München: Carl Hanser Verlag München, 2010.

[46] Barbara Krausz, Markus Breuning, Kordian Komarek, Prof. Dr.-Ing. Hans Christian Reuss, and Dr.-Ing. Michael Grimm, "Methoden zur Fehlerinterpretation bei der Inbetriebnahme von Entwicklung," in *6. AutoTest Fachkonferenz*, Springer Vieweg, 2016.

[47] Barbara Krausz, Kordian Komarek, Prof. Dr.-Ing. Hans Christian Reuss, and Markus Breuning, "Concepts for Holistic Interpretation and Validation of Vehicle Diagnostics," in *17th Stuttgart International Symposium*, Springer Vieweg, 2017.

[48] Armin Azarian, "A new modular framework for automatic diagnosis of fault, symptoms and causes applied to the automotive industry," Dissertation, Institut für Informationsmanagement im Ingenieurwesen (IMI), Karlsruhe Institut für Technologie (KIT), Karlsruhe, 2009.

[49] J. Haglund and L. Virkkla, "Modelling of patterns between operational data, diagnostic trouble codes and workshop history using big data and machine learning," Abschlussarbeit, Universität Uppsala, Uppsala, 2016.

[50] F. Jia, Y. Lei, J. Lin, X. Zhou, and N. Lu, "Deep neural networks: A promising tool for fault characteristic mining and intelligent diagnosis of rotating machinery with massive data," *Elsevier - Mechanical Systems and Signal Processing*, vol. 72-73, pp. 303–315, 2016.

[51] P. M. Frank, "Analytical ans qualitative model-based fault diagnosis - A survey and some new results," *European J. of Control*, no. 2, pp. 6– 28, 1996.

[52] Johann Wappis, Berndt Jung, and Stefan Schweißer, *8D und 7STEP - Systematisch Probleme lösen,* 2nd ed. München: Carl Hanser Verlag München, 2013.

[53] C. Weiss, "Analyse von Fehlerspeichereinträgen im Powertrain – Wissensmanagement mit intelligenten und semantischen Datenanalysemethoden," Masterarbeit, Institut für Verbrennungmotoren und Kraftfahrwesen, Universität Stuttgart, Stuttgart, 2016.

[54] Gartner IT Glossary, *"Big data is high-volume, high-velocity and high-variety information assets that demand cost-effective, innovative forms of information processing for enhanced insight and decision making.".* [Online] Available: http://www.gartner.com/it-glossary/big-data. Accessed on: Jan. 20 2018.

[55] K. Backhaus, B. Erichson, W. Plinke, and R. Weiber, *Multivariate Analysemethoden: Eine anwendungsorientierte Einführung,* 14th ed. Berlin, Heidelberg: Springer Gabler, 2016.

[56] T. A. Runkler, *Data Mining: Modelle und Algorithmen intelligenter Datenanalyse,* 2nd ed. Wiesbaden: Springer Vieweg, 2015.

[57] V. N. Vapnik and A. Y. Chervonenkis, *Theory of Pattern Recognition.* Moskau: Nauka.

[58] I. Steinwart and A. Christmann, *Support Vector Machines.* New York: Springer, 2008.

[59] M. Heinert, "Support Vector Machines: Teil 1: Ein theoretischer Überblick," *zvf,* 2010, pp. 179–189, 2010.

[60] J. Mercer, "Functions of positive and negative type, and their connection the theory of integral equations," *Philosophical Transactions of the Royal Society A*, 1909, pp. 415–446, 1909.

[61] Christopher Manning, Prabhakar Raghavan, and and Hinrich Schuetze, *Introduction to Information Retrieval.* Cambridge, England: Cambridge University Press, 2009.

[62] D. W. Aha, "Lazy Learning," *Artificial Intelligence Review*, no. 11, pp. 7–10, 1997.

[63] W. Ertel, *Grundkurs Künstliche Intelligenz: Eine praxisorientierte Einführung,* 4th ed. Wiesbaden: Springer Fachmedien Wiesbaden, 2016.

[64] J. Qin, L. Wang, and H. Rui, Eds., *Research on Fault Diagnosis Method of Spacecraft Solar Array Based on f-KNN Algorithm*. Piscataway, NJ: IEEE, 2017.

[65] M. Ranjit *et al.,* "Fault Detection Using Human–Machine Co-Construct Intelligence in Semiconductor Manufacturing Processes," *IEEE Transactions on Semiconductor Manufacturing (IEEE Transactions on Semiconductor Manufacturing)*, vol. 28, no. 3, pp. 297–305, 2015.

[66] C. Sankavaram, B. Pattipati, K. R. Pattipati, Y. Zhang, and M. Howell, "Fault Diagnosis in Hybrid Electric Vehicle Regenerative Braking System," *IEEE Access*, vol. 2, pp. 1225–1239, 2014.

[67] C. Sammut and G. I. Webb, Eds., *Encyclopedia of Machine Learning and Data Mining*. Boston, MA: Springer US, 2014.

[68] G. Schuh, *Produktkomplexität managen: Strategien - Methoden - Tools,* 2nd ed. München, Wien: Carl Hanser Verlag München, 2005.

[69] A. Mehler and C. Wolff, "Perspektiven und Positionen des Text Mining," *LDV Forum*, no. Band 20, 2005.

[70] Microsoft, *semantic search sql-server*. [Online] Available: https://docs. microsoft.com/de-de/sql/relational-databases/search/semantic-search-sql-server. Accessed on: Aug. 25 2017.

[71] H. J. Hofmann, "Die Anwendung des CART-Verfahrens zur statistischen Bonitätsanalyse von Konsumentenkrediten," *Zeitschrift für Betriebswirtschaft*, no. 60, pp. 941–962, 1990.

[72] A. Azarian and A. Siadat, "A global modular framework for automotive diagnosis," *Elsiever - Advanced Engineering Informatics*, vol. 26, no. 1, pp. 131–144, 2012.

[73] A. Azarian, A. Siadat, and P. Martin, "A new strategy for automotive off-board diagnosis based on a meta-heuristic engine," *Elsevier - Engineering Applications of Artificial Intelligence*, vol. 24, no. 5, pp. 733–747, 2011.

[74] A. Cremmel, A. Azarian, and A. Siadat, "Proposal of an ODX data exchange system applied to automotive diagnosis," in *2008 IEEE Conference on Cybernetics and Intelligent Systems*, Chengdu, China, 2008, pp. 1275–1280.

Anhang

Darstellung der Wahrheitsmatrizen der KNN- und SVM-Klassifikatoren bei der Parametervariation zur Bestimmung der Variante mit der besten Güte.

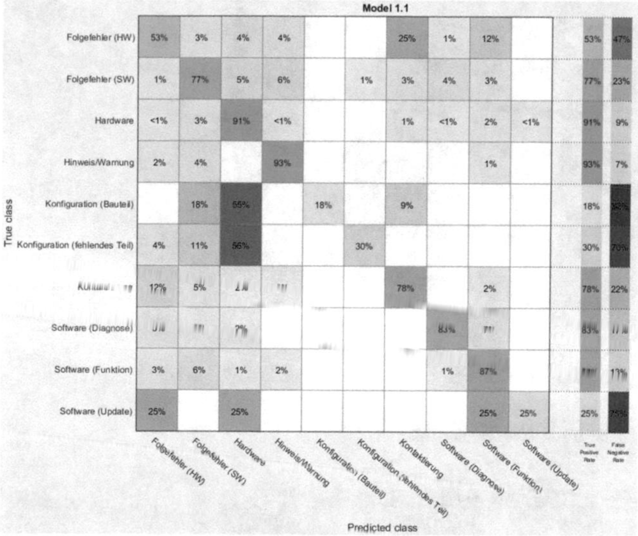

Abbildung A.1: Linearer SVM-Klassifikator 1

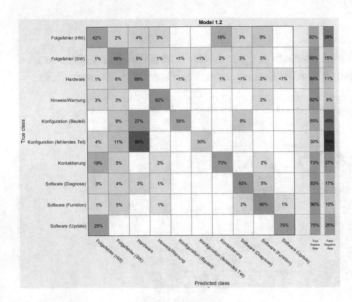

Abbildung A.2: Quadratische SVM-Klassifikator 2

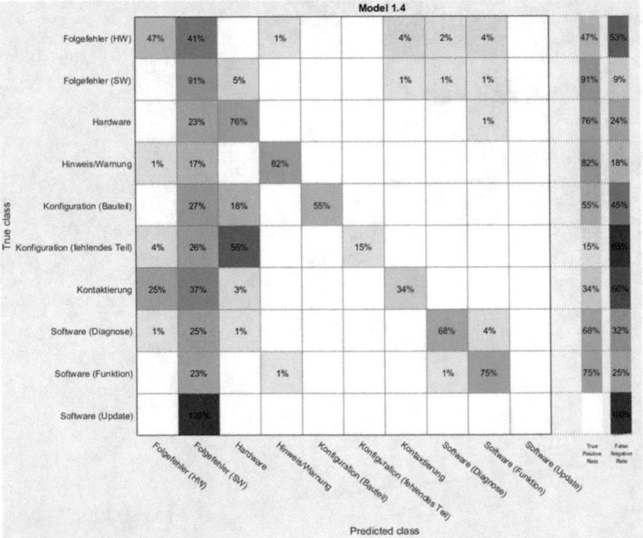

Abbildung A.3: Gaussianischer SVM-Klassifikator 4

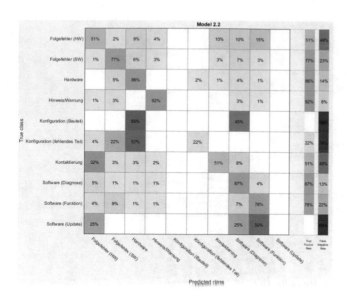

Abbildung A.4: Euklidischer KNN-Klassifikator 2 mit k=10 Nachbarn

Model 2.3

True class \ Predicted class	Folgefehler (HW)	Folgefehler (SW)	Hardware	Hinweis/Warnung	Konfiguration (Bauteil)	Konfiguration (fehlendes Teil)	Kontaktierung	Software (Diagnose)	Software (Funktion)	Software (Update)	True Positive Rate	False Negative Rate
Folgefehler (HW)	7%	1%	8%				33%	1%	50%		7%	93%
Folgefehler (SW)		43%	13%	8%			6%	1%	30%		43%	57%
Hardware	8%	1%	64%	7%			6%	5%	9%		64%	36%
Hinweis/Warnung	3%		6%	81%					10%		81%	19%
Konfiguration (Bauteil)		9%	46%	36%			9%					
Konfiguration (fehlendes Teil)	4%	41%	56%									
Kontaktierung	14%		3%				68%		15%		68%	32%
Software (Diagnose)		2%	10%	7%			2%	13%	66%		13%	87%
Software (Funktion)	1%	9%		3%				2%	85%		85%	15%
Software (Update)				50%					50%			

Predicted class

Abbildung A.5: Euklidischer KNN-Klassifikator 3 mit k=100 Nachbarn

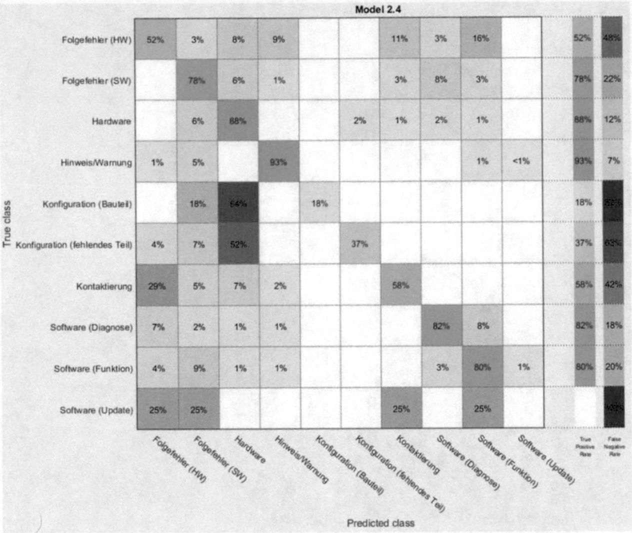

Model 2.4

True class \ Predicted class	Folgefehler (HW)	Folgefehler (SW)	Hardware	Hinweis/Warnung	Konfiguration (Bauteil)	Konfiguration (fehlendes Teil)	Kontaktierung	Software (Diagnose)	Software (Funktion)	Software (Update)	True Positive Rate	False Negative Rate
Folgefehler (HW)	52%	3%	8%	9%			11%	3%	16%		52%	48%
Folgefehler (SW)		78%	6%	1%			3%	8%	3%		78%	22%
Hardware		6%	88%			2%	1%	2%	1%		88%	12%
Hinweis/Warnung	1%	5%		93%				1%	<1%		93%	7%
Konfiguration (Bauteil)		18%	64%		18%						18%	
Konfiguration (fehlendes Teil)	4%	7%	52%			37%					37%	63%
Kontaktierung	29%	5%	7%	2%			58%				58%	42%
Software (Diagnose)	7%	2%	1%	1%				82%	8%		82%	18%
Software (Funktion)	4%	9%	1%	1%				3%	80%	1%	80%	20%
Software (Update)	25%	25%					25%		25%			

Abbildung A.6: Kosinus KNN-Klassifikator 4 mit k=10 Nachbarn

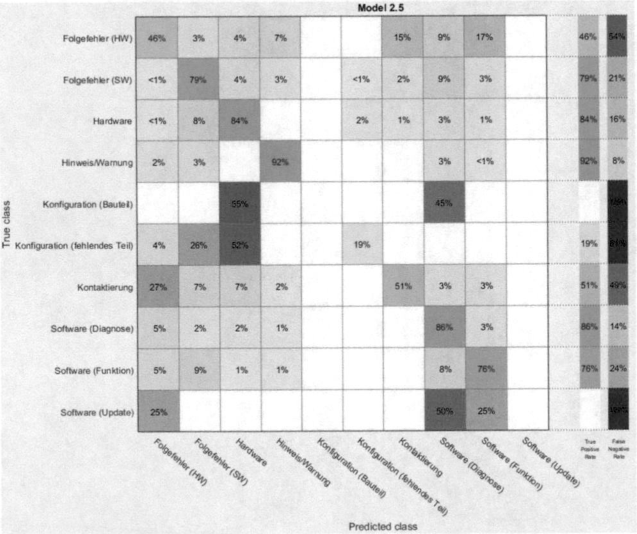

Model 2.5

True class \ Predicted class	Folgefehler (HW)	Folgefehler (SW)	Hardware	Hinweis/Warnung	Konfiguration (Bauteil)	Konfiguration (fehlendes Teil)	Kontaktierung	Software (Diagnose)	Software (Funktion)	Software (Update)	True Positive Rate	False Negative Rate
Folgefehler (HW)	46%	3%	4%	7%			15%	9%	17%		46%	54%
Folgefehler (SW)	<1%	79%	4%	3%		<1%	2%	9%	3%		79%	21%
Hardware	<1%	8%	84%			2%	1%	3%	1%		84%	16%
Hinweis/Warnung	2%	3%		92%				3%	<1%		92%	8%
Konfiguration (Bauteil)			55%					45%				
Konfiguration (fehlendes Teil)	4%	26%	52%			19%					19%	
Kontaktierung	27%	7%	7%	2%			51%	3%	3%		51%	49%
Software (Diagnose)	5%	2%	2%	1%				86%	3%		86%	14%
Software (Funktion)	5%	9%	1%	1%				8%	76%		76%	24%
Software (Update)	25%							50%	25%			

Abbildung A.7: Kubischer KNN-Klassifikator 5 mit k=10 Nachbarn

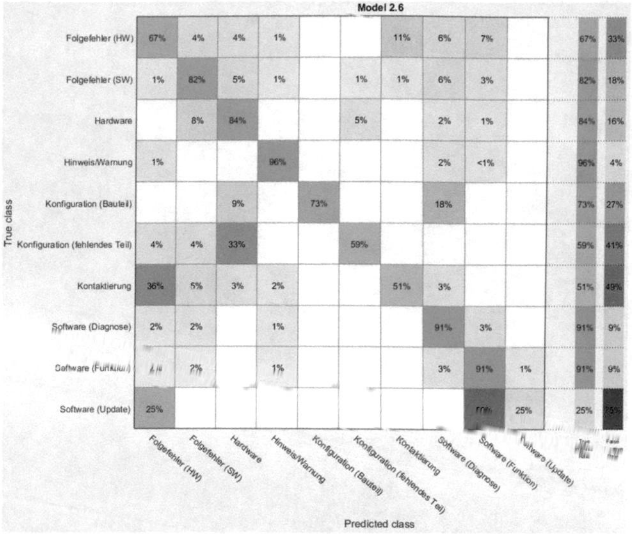

Abbildung A.8: Gewichteter euklidischer KNN-Klassifikator 6 mit k=10 Nachbarn

Printed in the United States
By Bookmasters